儿研所主任医师

0~3岁宝宝的辅食百科

儿研所主任医师
吴光驰　主编

吉林科学技术出版社

图书在版编目（CIP）数据

儿研所主任医师0～3岁宝宝的辅食百科 / 吴光驰主编. -- 长春 : 吉林科学技术出版社, 2018.6
ISBN 978-7-5384-4983-9

Ⅰ. ①儿… Ⅱ. ①吴… Ⅲ. ①婴幼儿—食谱 Ⅳ. ①TS972.162

中国版本图书馆CIP数据核字(2017)第204938号

ERYANSUO ZHUREN YISHI 0~3 SUI BAOBAO DE FUSHI BAIKE

儿研所主任医师0～3岁宝宝的辅食百科

主　　编　吴光驰
编　　委　张　旭　陈　莹　周　宏　李志强　易志辉　康　儒　盛　萍　周　密
彭琳玲　王玲燕　李　静　秦树旺　陈　洁　吴　丹　蒋　莲　柳　霞
尹　丹　刘晓辉　张建梅　唐晓磊　刘晓辉　贲翔南　黄金元　邓　敏
雷建军　李少聪　刘　娟　史　霞　马牧晨　韶　莹　赵　艳　石　柳
戴小兰　李　青　李文竹　金海涛　张　苗　张　阳　黄　慧　范　铮
邵海燕　张巍耀　敬韶辉　刘江华　周　亮　邹　丹　曹淑媛　鲁　铭
王玉立　倪　涛　苏　霞　潘　微　李　京
出 版 人　李　梁
责任编辑　孟　波　端金香　李思言
封面设计　美型社•天顶矩图书工作室（Z.STUDIO）
内文设计　美型社•天顶矩图书工作室（Z.STUDIO）
开　　本　710 mm×1 000 mm　1/16
字　　数　250千字
印　　张　15
印　　数　1-7 000册
版　　次　2018年6月第1版
印　　次　2018年6月第1次印刷

出　　版　吉林科学技术出版社
发　　行　吉林科学技术出版社
地　　址　长春市人民大街4646号
邮　　编　130021
发行部电话/传真　0431-85677817　85635177　85651759
85651628　85600611　85670016
储运部电话　0431-86059116
编辑部电话　0431-85635186
网　　址　www.jlstp.net
印　　刷　延边新华印刷有限公司

书　　号　ISBN 978-7-5384-4983-9
定　　价　49.90元

前言

为人父母是一件无比幸福的事，养育好宝宝则是每位父母不可推卸的责任。这本书从科学、实用的角度出发，介绍了宝宝辅食制作的营养知识和安全知识、辅食制作的技巧及方法、辅食制作的健康配餐食谱，为父母提供了极具应用价值的适用于宝宝的营养计划。经验来自实践，相信拥有本书后，每位父母都能为宝宝呈上一道道美味、营养的健康餐。

尤其是为宝宝添加辅食后，各种食材的添加时间、处理方法等，对新手父母来说都是令人困惑的事，本书正是为了解决这些难题，帮助新手父母更好地掌握辅食添加的要领而编写的！

目录

第一章 0~6个月婴儿喂养

第二章 6~12 个月辅食喂养

第三章
1岁后像大人一样吃饭

第四章 辅食期宝宝营养餐

第五章 幼儿期宝宝营养餐

第六章 吃对食物宝宝更健康

面粉

附录

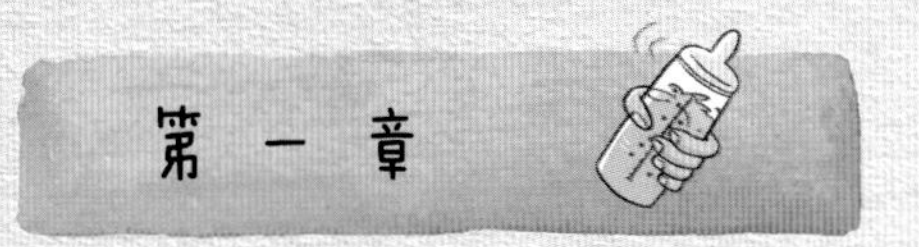

0 ~ 6 个月婴儿喂养

刚出生的宝宝像幼苗一样，需要细心呵护。父母应该全面掌握小宝宝的生长发育特点，这样才能照顾好他。宝宝出生后要尽早进行哺乳，并尽可能让宝宝吃母乳。

母乳是宝宝最好的食物

母乳的营养

对于刚出生的宝宝来说，母乳是宝宝最好的食物，母乳的营养价值远远高于其他代乳品。母乳所含的各种营养素的比例搭配适宜，近乎无菌，易于婴儿消化和吸收。母乳喂养最好能坚持到宝宝2岁。

母乳中含有多种特殊的营养成分，如乳铁蛋白、牛磺酸、钙、磷等，对宝宝的生长发育及增强免疫力等都很有益。

宝宝出生后多久开始哺乳

宝宝出生后，应尽早进行哺乳，这样可以促进妈妈乳汁分泌，及时让宝宝吃上含有丰富免疫抗体的初乳。一般分娩后若妈妈和宝宝一切正常，0.5~2小时便可以开奶。新生儿的胃容量很小，所以不用担心母乳少，宝宝吃不饱。

宝宝越吸乳汁分泌越多

刚生产后的妈妈身心疲惫，乳房不会有胀奶的感觉，但是也一定要尽早让宝宝吸吮乳房，以免错过最佳时机。哺乳时小宝宝能吃多少就吃多少，只要吮吸就会使妈妈体内的催乳素分泌增多，从而增加泌乳量。

母乳的四个阶段

产后哺乳期分泌的乳汁成分在不断地发生变化。

乳汁根据营养成分不同分为：初乳、过渡乳、成熟乳、晚乳四个阶段。

初乳

产后7天内分泌的乳汁称为初乳。初乳含有β－胡萝卜素，故颜色发黄。它的蛋白质含量最高，并含有很多抗体。初乳的脂肪和乳糖含量比成熟乳少，但维生素A、牛磺酸和矿物质的含量非常丰富。初乳虽然量少，但对正常宝宝来说足够了。

初乳所含的分泌型IgA，被称为宝宝出生后最早的口服免疫抗体，能促进新生儿发育并提高其免疫力。初乳中的生长因子能刺激宝宝的肠道发育，为进一步消化吸收成熟乳做准备。

过渡乳

产后7~14天内分泌的乳汁称为过渡乳，乳汁总量比初乳有所增多，其蛋白质与矿物质含量逐渐减少，而脂肪和乳糖含量逐渐增加，系初乳向成熟乳的过渡乳。

成熟乳

生产14天以后所分泌的乳汁称为成熟乳，但是也要因人而异，实际上一般要到30天左右才稳定。蛋白质含量更低，但每日泌乳总量多达700~1000毫升。由于成熟乳看上去比牛奶稀，有些妈妈便认为自己的奶太稀薄。其实，这种水样的奶是正常的。

晚乳

晚乳是指生产10个月以后的乳汁，其总量和营养成分都有所减少。

前奶和后奶

在母乳喂奶的过程中，乳汁的成分也在发生变化，以满足宝宝的需求。母乳分为前奶和后奶，这两部分奶水的质地、口味及所含的营养素，在喂养中所起的作用都是不同的，一定要保证每次哺乳时都能让宝宝吃到前奶和后奶。

喂奶时要让宝宝吃净一侧乳房，如果还不够再换到另一侧，这样可以确保宝宝吃到足够的后奶。如果妈妈的奶水很充足，但是宝宝总是容易饿，有可能是只吃到了前奶。

前奶

前奶是母乳喂养中，宝宝先喝到的那部分奶水。前奶的奶水比较稀，所含的水分较多，起到给宝宝解渴的作用。前奶中还含有丰富的蛋白质、乳糖、维生素以及抗癌免疫球蛋白等，这些营养物质对于宝宝的健康有很大帮助。

后奶

随着宝宝的吸吮，乳汁发生变化形成后奶。后奶呈乳白色，奶质较浓稠，其所含的水分较少，含有大量脂肪、蛋白质和乳糖，这些营养会提供给宝宝成长发育所需的大部分能量，从而满足宝宝体重增长的需要。

哺乳时，为了让宝宝吃饱，每次吃奶的时间不要少于 15 分钟，否则宝宝吃不到后奶，就无法获得足够的脂肪和能量。

正确的母乳喂养方法

为了能更好地喂养宝宝，新妈妈一定要掌握正确的母乳喂养方法。

按摩乳房增加泌乳

在产后第 4 天，乳房明显发胀变硬，这是泌乳的前兆，并不是乳腺炎。此时可以每天做两次乳房按摩，促进血液循环，增加泌乳量，舒缓乳房的不适症状。

从乳房的周围向乳头方向轻揉 5~10 分钟。按摩后用温度适宜的湿毛巾热敷 2~3 分钟。

哺乳时间不必固定

妈妈每次分泌的母乳量并不固定，加上宝宝吮吸的方式也在变，从而使每次的喂奶量也不一样。所以，宝宝因饥饿而哭闹的时间不固定是正常现象。一般两个月内的婴儿，保证每两小时喂 1 次奶就可以了。

如果母乳量逐渐增多，宝宝胃中也能存食了，那么宝宝到 3 个月时吃奶时间会延长至每 3 个小时吃 1 次。夜里宝宝至少会醒来两次要奶吃，此时一定要满足他的要求，夜间哺乳也能促进泌乳。

尽力促进乳汁分泌

促进乳房泌乳的最好方法是让宝宝用力吸奶。所有的妈妈都不是一开始就能分泌很多乳汁，多是在宝宝吮吸的过程中逐渐增多。如果宝宝吮吸能力比较弱，可以让别的宝宝或宝宝的爸爸吮吸以刺激乳房，这样也能促进乳汁分泌。

如何让宝宝含住乳头

开始喂奶时，用乳头触碰宝宝的嘴唇，使宝宝张开嘴，这时把乳头尽可能深地放入宝宝口内。宝宝的嘴唇和牙龈要包住乳晕，而不能只用嘴唇含住。吸吮时嘴唇向外翻，而不是内收到牙龈上。

宝宝第一次就错误吮吸，往后会很难纠正。如果妈妈觉得乳头疼，说明宝宝吮吸的动作错了，将手指轻放在宝宝嘴角，使宝宝停止吮吸，再试一次。

母乳喂养无须另加水

母乳喂养的宝宝，有时看上去小嘴有些发干，这是因为宝宝口腔的唾液分泌较少，就是俗话说的“口水少”，属于正常现象。即使不停地喂水，宝宝的口腔还会是干干的。

通常纯母乳喂养的宝宝，在6个月内不需另外喂水。母乳大部分的成分是水分，可满足宝宝的需要，只要“按需喂养”就行了。

夜里也不要让宝宝含着乳头睡觉

晚上让宝宝含着乳头或奶嘴睡觉，不仅不利于妈妈乳头和宝宝口腔的卫生，甚至会引起宝宝呕吐，含着乳头或奶嘴睡觉，还会形成宝宝依赖乳头的不良习惯，使日后断奶的难度增加。

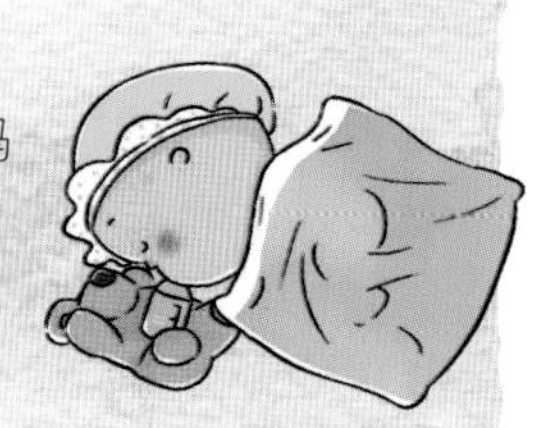

喂母乳的正确姿势

妈妈在喂奶过程中要采取正确的姿势，使自己的身体感觉舒适、肌肉放松，才能确保宝宝更充分地吸吮乳汁。

坐姿

妈妈坐着，在哺乳侧的脚下垫一个脚凳，垫高这侧腿，将宝宝的头枕在哺乳弯曲的肘关节处，并将胳膊放在垫高的腿上。用手托住宝宝的头、肩和臀部，使头和身体呈一条直线，脸面向乳房。将另一只手的拇指靠在乳房上侧，其余四指向上托起乳房。

卧姿

妈妈躺在床上，采取侧卧或仰卧姿势，与宝宝面对面，宝宝可侧卧或俯卧吃奶。宝宝吃饱睡着后要及时抽出乳头。

哺乳后要及时拍嗝

宝宝吐奶的原因在于胃部和喉部还没有发育成熟。喝完奶后，由于胃内下部是奶，上部是空气，对胃部造成压力，就会导致溢奶、吐奶。喂奶结束后，将宝宝直立抱起，轻轻靠在妈妈的肩膀上，轻拍宝宝的上背部，使哺乳时进入胃内的空气排出。

如果拍几次之后宝宝仍没打嗝，应先抚摸再拍打。母乳喂养的宝宝，不要强迫宝宝打嗝，刺激打嗝的动作不要太久。

宝宝不爱吃母乳的原因

母乳喂养对母婴均有益处，既能增强宝宝的免疫力，又可以促进妈妈尽快恢复健康。对这顿大餐宝宝应该欢天喜地才对，可是他也有不喜欢的时候。

香皂洗过的乳头变硬

从怀孕开始，乳晕处的分泌物增多，角质层被软化，乳头就会变得柔软。香皂等清洁物会碱化乳房皮肤，乳头吸吮起来又干苦又硬，导致宝宝不爱吃母乳。乳头干燥还会导致皲裂。所以，洗澡时乳头和乳晕用温水冲洗干净即可。

过早使用奶瓶

刚生育宝宝的妈妈还没有奶，使用奶瓶喂养宝宝。宝宝刚习惯了吸吮奶嘴的感觉，妈妈有奶了，又改吃母乳，宝宝感觉吃着费劲儿，会认为只有奶瓶里的才能填饱肚子，这种出生后早期形成的乳头错觉，就会导致宝宝不肯吃母乳。

乳头和奶嘴需要截然不同的吸吮技巧和力度，奶瓶的奶嘴较长，吸吮起来很省力。宝宝一旦习惯了这种奶嘴，再吸乳头时就会觉得很费劲儿，就不愿再去吸吮母乳了。

正确的挤奶方法

挤奶的正确姿势是用拇指和其他手指夹住乳头周围的乳晕部分，轻轻地推揉，然后用拇指和其他手指夹紧乳房往前挤。如果用吸奶器吸奶，一定要注意卫生，每次使用后要对吸奶器进行清洗和消毒。

哺乳期如何保护乳头

宝宝吸奶的力量比较大，常会弄痛妈妈的乳头。为了避免乳头受损而引发炎症，影响哺乳，新妈妈一定要注意保护乳头。

乳头皲裂后的处理

新妈妈的乳房很娇嫩，通常在哺乳初期，乳头被吸吮后容易出现皲裂，病菌容易侵入伤口引发乳腺炎。所以喂奶前后都要用温水对乳头进行清洗并擦干，特别是喂奶后，宝宝的口水会影响乳头的伤口愈合，一定要冲洗干净。

哺乳时不要总让宝宝吸吮一侧乳头，以避免乳头出现皲裂。如若乳头出现皲裂，应先从不太痛的一侧乳头开始喂，以保护皲裂严重的一侧。

乳腺堵塞如何哺乳

引起乳腺堵塞最常见的原因是过多乳汁存留在乳腺中，导致乳房胀硬。这个时候妈妈要检查一下哺乳姿势，看宝宝有没有正确地含住乳头。

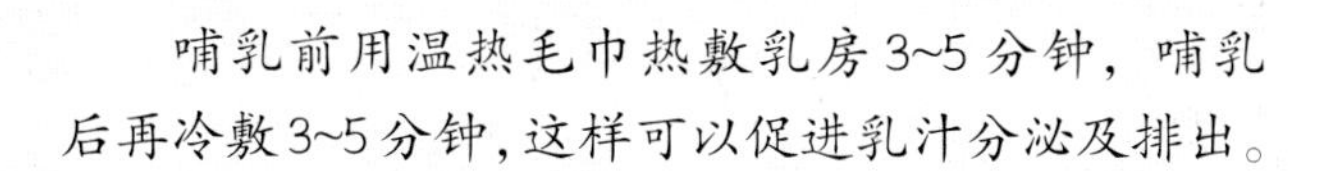

哺乳前用温热毛巾热敷乳房3~5分钟，哺乳后再冷敷3~5分钟，这样可以促进乳汁分泌及排出。

乳头划伤后的处理

宝宝在吮吸乳头时，突然用力会咬伤乳头。宝宝在出牙期更容易咬伤妈妈的乳头。出现这种情况可以每隔5分钟进行1次短期哺乳。如果宝宝吸吮姿势不对或感到乳头疼痛，应让宝宝重新吸吮。哺乳结束时不要用力拉出乳头，等宝宝吃饱自己松开嘴再拔出乳头。

如何提高母乳质量

母乳是宝宝最好的营养来源，但是前提一定要保证母乳的质量。妈妈的饮食状况，直接关系到乳汁中营养素的含量。如果妈妈挑食，会使母乳营养不够，就会导致宝宝摄取的营养不足。

妈妈身体较弱，存在贫血等症状，或工作繁忙、压力大，导致乳汁分泌不足，这些都会导致母乳营养不好，从而引起宝宝营养缺乏。

补钙食物：
鱼肉、虾皮、虾米、海带、豆浆、豆腐、金针菇、胡萝卜、奶粉等。

妈妈要多吃补钙食物

哺乳期如果妈妈缺钙，不仅影响自己的身体康复，同时还会影响宝宝的骨骼发育。补钙可以提高母乳的钙含量。妈妈要在饮食上注意尽量多摄取钙质。

妈妈要多吃补脑食物

2~3个月是宝宝脑发育的黄金期，脑细胞生长达到第二个高峰。为了保证母乳的质量，妈妈要添加健脑食物，为宝宝大脑发育提供充足的营养。

大豆及其制品：
大豆含大脑所需的优质蛋白和氨基酸，能增强脑血管的功能。
核桃、芝麻、松仁：
补气、强筋、健脑。
动物性食物：
各种动物脑都含大量脑磷脂和卵磷脂，动物肝脏、鱼肉、鸡蛋等所含营养成分，也有利于宝宝大脑发育。

上班族妈妈如何保存母乳

产假结束后，妈妈面临了一个难题，就是怎样才能给宝宝按时哺乳。遇到这样的情况，妈妈可以选择将奶水挤出保存起来，由家人喂养。保存母乳在注意卫生的同时，还应注意以下几点：

1

母乳在冷藏之前要先冷却，并且在储存器具上标注日期，以免过了最佳保存期，喂宝宝后引起宝宝消化道疾病。

2

母乳要放在适宜冷冻的、消毒后的塑料制品中，其次为玻璃制品。如果需长期存放应该密封保存。

3

储存母乳时，不宜将容器装得过满，防止容器结冰涨破。

4

解冻冷冻的母乳，要先放在冷藏室或温水中解冻，然后放在室温下退凉或用恒温调奶器使母乳恢复到适合喂食宝宝的温度才可以喂给宝宝。

5

不要用炉火或微波炉加热母乳，否则会破坏母乳中的营养物质。而且解冻后的母乳要在24小时内喝完，不宜再次冷藏。

6

母乳保存时间受储存方法影响，冰箱冷藏的保存期为两周；一般的冷冻室保存期为3~4个月；如果保存在温度为－20℃以下的冷冻室，保存期可长达6个月。

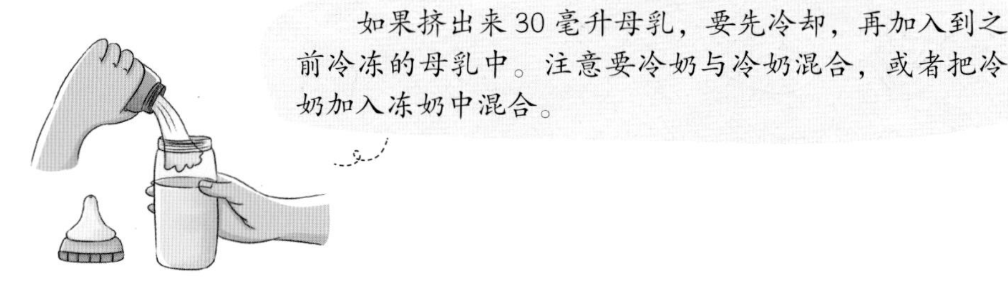

母乳喂养要按需

哺乳的妈妈要按照宝宝的需要来喂奶，对宝宝的吃奶量无须强求。每个宝宝在不同时期对奶量的需求也不同。一般而言，只要宝宝大便正常，睡眠正常，体重增加稳定，就表明宝宝的吃奶量正常。

奶粉中含有数倍于母乳的蛋白质、脂肪和矿物质，对于消化系统不成熟的宝宝来说，奶粉喂养需要有一个固定的时间间隔，按时进行，以防喂过饱或消化不良。

不拘泥于预定时间

宝宝的胃口随时有所变化，每次喂奶，宝宝的吮吸都会刺激妈妈分泌的乳汁更多，这样妈妈的产奶量就可以满足宝宝的需求。宝宝吃得饱，睡眠时间和质量才能有保证，自然就会形成一个良性循环。

不要宝宝一哭就喂奶

宝宝哭不一定是饿了，每天喂奶的时间间隔应根据宝宝的饥饿情况来定。一般隔3~4小时喂一次即可。有的宝宝胃容量较小或消化快，对于这种情况，妈妈可以隔2小时就喂，不一定要等到3小时才喂。

代乳品喂养要科学

配方奶粉不能替代母乳

新妈妈无法保证充足的母乳喂养或不允许母乳喂养时，可以选择一些适当的代乳品加以补充。每次哺乳时，先喂母乳，再添加代乳品以补充不足，这样可以在一定程度上维持母乳能正常分泌，让宝宝尽可能多地吃到母乳。

母乳中含有抗体，与之相比，奶粉缺乏免疫活性物质和酶类，而且母乳是最不容易引起过敏的天然食物。母乳喂养的宝宝免疫力强，肠道健康，不容易拉肚子。

配方奶粉需要按时喂

配方奶粉中含有数倍于母乳的蛋白质、脂肪和矿物质，宝宝不完善的消化系统不能很好地消化、吸收，所以需要人为地安排喂奶时间来控制喂食量，以避免宝宝过饱，造成消化不良。

两者所含营养成分的吸收情况不同

等量的母乳和奶粉，两者热量和营养成分虽然相差无几，但进入宝宝体内，两者的吸收程度并不相同。母乳中的蛋白质比配方奶粉易于消化（宝宝3个月后才能很好地利用奶粉中的蛋白质），母乳中60%的铁可被吸收，而婴儿配方奶粉可被吸收的不到50%。

如何选购配方奶粉

妈妈应向儿科医师咨询适合自己宝宝的配方奶粉种类，并通过了解奶粉的营养，正确识别奶粉质量的优劣，为宝宝选择安全、健康的奶粉。

配方奶粉

配方奶粉去除了牛奶中不利于宝宝消化吸收的成分，加入多种维生素和微量元素，从营养需求角度讲，当宝宝无法从母乳中摄取足够营养时，吃配方奶粉能得到与母乳相近的各种营养物质。

配方奶粉的分段方法

婴幼儿在生长发育的不同阶段，尤其是随着消化功能的不断增强，需要的营养是不同的，要根据婴幼儿不同阶段的生理特点和营养需求来选择配方奶粉。

婴儿配方奶粉

适合 0~6 个月的宝宝

婴儿配方奶粉

适合 6~12 个月的宝宝

婴儿配方奶粉、助长奶粉等

适合 12~36 个月的宝宝

选择配方奶粉的技巧

配方奶粉要选择有婴幼儿配方奶粉标识的，应选择精制植物油配方的，有助于宝宝消化吸收。避免选择含有棕榈油、全脂奶粉或乳脂成分的配方奶粉。如果宝宝对动物蛋白过敏，应选择低敏奶粉，如氨基酸奶粉、水解蛋白奶粉等。

除了观察配方奶粉的外观有无结块、杂质等，还要注意奶粉的溶解性。取一勺奶粉放入玻璃杯内，用温开水充分调和后，水与奶粉完全溶解在一起，没有结块，说明奶粉质量较好。

如何选择奶嘴

新生儿适合使用小孔奶嘴：将奶瓶倒过来，1 秒钟滴 1 滴左右，以宝宝在 15~20 分钟吸完瓶内的奶较合适。随月龄增加奶嘴孔也应加大一些，宝宝 4~5 个月时，以每次在 10~15 分钟吸完奶、不呛奶为合适。

奶嘴孔太大，奶水出得太多容易呛着宝宝，但也不能太小，以免宝宝吃起来太费劲。另外，橡胶奶嘴也不能太硬，发现不好或有破损时要及时更换。

如何选用奶瓶

奶瓶的材质分为玻璃和塑料两种。玻璃奶瓶材质的耐热性好，易清洗，适合初生婴儿，由妈妈拿着奶瓶喂奶。塑料奶瓶材质轻、不易破裂，适合较大一些的宝宝自己喝奶时使用，外出携带也很方便。

塑料奶瓶不要选择 PC 材质的，其中可能含有损害宝宝健康的双酚 A。塑料奶瓶反复消毒后会磨损老化，一般使用 6 个月左右就要更换。

奶瓶、奶嘴及时消毒

奶瓶和橡胶奶嘴要用开水或用蒸汽锅煮沸10分钟，消毒后晾干，不要用抹布擦干。用完奶瓶后马上将残留的奶倒掉，冲洗干净，口朝下存放备用。橡胶奶嘴也应马上冲洗干净并晾干。

可以同时准备2~3个奶瓶进行消毒，然后一次取出一组来调配奶粉。

配方奶粉喂养的频率

当完全用配方奶粉喂养婴儿时，可每3小时喂一次，喂奶量因宝宝的个体差异而有所不同，但大致可按以下方法计算婴儿奶粉的用量：

每公斤体重每天吃奶100~150毫升 ÷ 一天喂养次数 = 每次所需喂量

一个体重4公斤的婴儿，每3小时应食用60~80毫升。如果宝宝体重每天增加约30克，那么宝宝就得到足够的喂养了。

出生10天左右	·每次吃奶量在50毫升以上 ·一天喂7~8次，隔3~3.5小时喂一次
出生15天左右	·每次吃100毫升，食量大的宝宝可吃120毫升 ·一天喂6~7次，间隔3小时喂一次
出生30~360天	·每次吃80~120毫升，食量大的宝宝可吃150毫升 ·一天喂6~7次，间隔3.5~4小时喂一次

如何调配奶粉

在奶瓶内装入宝宝一次的奶粉食用量，如果一次冲泡的奶量过多，可将多余的奶放入冰箱贮存，并在一天内吃完。奶粉及水的冲调比例必须按说明进行配比，不要任意加减，配方奶过浓或过稀，都会影响宝宝消化吸收。

1

调配奶粉前要先洗净双手，以免手上的细菌混入奶汁中。将沸腾的开水冷却至40℃左右，再注入奶瓶中，先加入所需水量的一半。

2

用奶粉罐内专用的量匙，盛满奶粉并刮平。在加奶粉的过程中要记住加的匙数，以免加错量。奶粉罐中附带的量匙有的是4.4克的，有的是2.6克的，要按说明进行调配，不要随意增减。

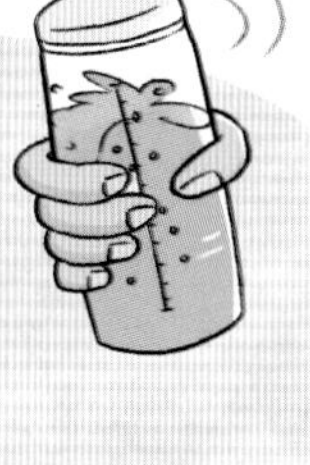

3

轻轻地摇晃加入奶粉的奶瓶，使奶粉溶解。用40℃左右的温开水补足到标准的容量。盖紧奶嘴后，再次轻轻地摇匀。摇晃时易产生气泡，要多加注意。

4

用手腕的内侧感觉奶水的温度，稍感温热即可。如果过热可以用流水冲凉或放入凉水盆中放凉。

奶粉调配时的温度

给宝宝冲调奶粉的水温不能过高或过低。水温过高的话，会导致奶粉无法充分溶解，使奶粉中的乳清蛋白产生凝块，影响消化吸收。另外，还容易破坏奶粉中所含的维生素、免疫活性物质等。冲调奶粉的水温过低，也会影响奶粉的溶解和宝宝的消化吸收。

用40℃左右的温水冲调

一般是40℃左右的温水冲调配方奶粉比较好。这个温度不仅有利于加快化学反应的速度，促使糖、奶粉等溶解在温水里，调出比较均匀的配方奶溶液，且能保证奶粉里的营养物质不被破坏。

确认温度是否合适

宝宝的口腔黏膜很薄嫩，奶温过烫会损伤黏膜，影响宝宝进食；奶温过低会影响肠道蠕动，导致宝宝消化不良。在喂奶前要亲自试一下温度，将奶瓶贴在脸上或将奶汁滴到手背上，感到温度接近体温即可以喂宝宝了。

大人不要用嘴尝试配方奶粉的温度，因为成人口腔中的细菌可通过奶嘴进入宝宝的体内，由于宝宝的免疫力低，所以很容易受到感染而致病。

如何喂奶粉

喂奶过程中妈妈是起主要作用的，奶瓶只不过是一个小小的道具而已，不能让这个小道具变成影响母爱的一种障碍。

喂宝宝时，妈妈要抱起宝宝。坐在感觉舒服的地方，这样妈妈的肌肉完全放松，宝宝会感觉到母体的柔软，这样宝宝在吃奶的过程中能感受到来自妈妈的爱。

喂奶后妈妈不要倒头就睡

经过分娩，产后的妈妈身心疲惫。很多妈妈喂完奶倒头就睡，其实这对宝宝来说很危险。宝宝的胃的入口贲门肌发育还不完善，胃的出口幽门很容易发生痉挛，加上宝宝食管短，因此很容易溢奶。当宝宝仰卧时，反流的奶可能会呛入气管，极易造成窒息，危及生命。

产后妈妈需注意营养的调配，避免繁重的家务，尽量让疲累的身体得到休息。保持良好的心态，才能更好地照顾宝宝。

不要喂食太多或太快

喂养宝宝要有耐心，不要喂得太急太快，不同的宝宝食量有所不同，食量小的宝宝一天仅能吃500~600毫升奶粉，食量大的宝宝一天可以吃1000多毫升。不要强迫宝宝吃到书里的参考量，否则，可能导致宝宝厌食。

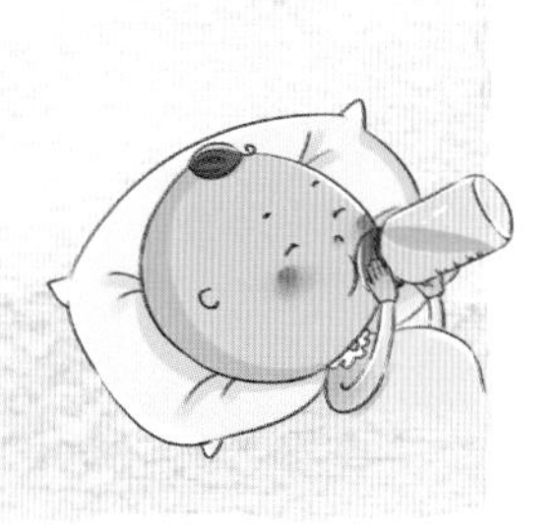

如何判断宝宝是否吃饱

新手妈妈一般都掌握不好宝宝的喂奶量。宝宝吃完奶后不久又要奶吃，此时，新手妈妈不清楚喂的奶水不足，还是宝宝进食量大。如果出现这种顾虑，就要确认宝宝是否吃饱了，以免影响宝宝的健康发育。

有时宝宝要吃奶并不是饿了，而是想吸吮乳头，渴望和妈妈亲近。每隔10天给宝宝量一次体重，增加150~200克表明发育正常，超过200克就要注意了。

1 从宝宝下咽的声音上判断

宝宝吸吮2~3次就可以听到咽下一大口，如此连续约15分钟就可以认为宝宝吃饱了。若宝宝光吸不咽或咽得少，说明摄入的奶量不足。

2 吃奶后有无满足感

如吃奶后宝宝安静入眠，说明宝宝吃饱了；如果吃奶后宝宝还哭，或者咬着乳头不放，或者睡不到两小时就醒，都说明摄入的奶量不足。

3 看体重增减

足月出生的宝宝第1个月每天体重增长约25克，1个月增加720~750克，第2个月增加600克以上。摄入的奶量不足或奶水太稀会导致营养不足，是宝宝体重增长过缓的因素之一。

4 注意大小便次数

母乳喂养的宝宝每天小便8~9次，大便4~5次，呈金黄色稠便；喂配方奶粉的宝宝其大便是淡黄色稠便，每天大便3~4次，不带水分。这些都可以说明宝宝摄入的奶量够了。如果尿量不多（每天少于6次），呈淡黄色或大便少、呈绿稀便，则说明宝宝摄入的奶量不足。

喂奶粉要注意宝宝肠胃

配方奶粉喂养的宝宝的大便呈稠膏状，并常混有奶瓣及蛋白凝块，比母乳宝宝的大便干且略臭。这是因为母乳中所含的脂肪酸属于不饱和脂肪酸，较适合宝宝吸收。

喂母乳的宝宝大便不干燥

母体能自我调节母乳的浓度，利于宝宝吸收，小宝宝从母乳中就能得到所需的营养和水分，不需要额外喝水。而冲调的配方奶是恒定的，所以吃奶粉的宝宝需要通过喝水等其他方式来帮助润肠。

奶粉不宜常更换

经常更换奶粉会影响宝宝的正常发育。因为在更换奶粉初期，宝宝会出现摄入量减少的情况，有时会引发消化不良、便秘等症状，除了因宝宝过敏而需要更换特殊配方奶外，尽量不要换奶粉。

在调配奶粉时，认为奶粉越浓越有营养是错误的。浓度过高的奶制品无法被宝宝的胃肠完全吸收，尤其是其中的蛋白质会增加宝宝的胃肠负担，导致腹胀、腹泻。

保证餐具清洁

用奶粉喂养的宝宝比母乳喂养的宝宝更要注意餐具的清洁卫生，特别是6个月以内的宝宝。

配方奶粉喂养的宝宝易腹泻的原因：

1. 奶瓶的清洁消毒不及时，容易发生肠道类疾病。
2. 母乳含有大量抗体，乳糖多，能促使乳酸杆菌繁殖，抑制大肠杆菌的生长，从而减少感染的概率。而配方奶粉中缺少这种抗体。

喂奶粉时的过敏反应

配方奶粉成分复杂，所以吃奶粉的宝宝发生过敏的概率会比较大。预防配方奶粉过敏的最好办法就是母乳喂养，通常情况下，母乳喂养的宝宝不会发生过敏现象。

导致配方奶粉过敏的主要物质是奶粉中的蛋白质。对牛奶蛋白过敏的婴儿比例在5%～7%。配方奶粉过敏的宝宝每次吃奶后会产生不适症状，如腹泻、皮炎、频繁咳嗽等，家长应予以重视。

更换防过敏奶粉

当确定宝宝奶粉过敏后要及时处理，尽量避免牛奶蛋白制品或添加了牛奶的食物。此时应及时给宝宝更换成防过敏奶粉，如氨基酸奶粉、深度水解配方奶粉，可以有效预防宝宝过敏。

更换配方奶粉时要观察宝宝的消化情况，看大便性状和次数等是否改变：无明显变化则说明消化良好，可继续用新奶粉喂养宝宝。

换奶粉要循序渐进

无论是换新的奶粉种类或换到另一阶段的奶粉，都要循序渐进，整个转奶过程应持续1~2周，不能操之过急。而且换奶粉时要避开早上第一餐或晚上睡觉前转奶。

第1~2天	加入1/3新奶粉
第3~4天	加入1/2新奶粉
第5~6天	加入2/3新奶粉
第7天	全部转为新奶粉

宝宝溢奶或吐奶怎么办

溢奶是宝宝在吃奶后常见的现象，宝宝吃多了或打嗝就会顺着嘴角流出少量奶液，属于正常生理性反应。吐奶一般流出的奶量比较多。

宝宝感冒、生病时吐奶可能会比平时严重一些。如果宝宝出现严重的喷射性吐奶，应尽快就诊。

溢奶的处理方法

用奶瓶喂奶时，宝宝有时会呛奶，这一般是奶嘴孔太大造成的。宝宝呛奶时，应立刻停止喂奶并用空掌轻拍宝宝背部，直到咳嗽停止，才能再继续喂奶。

每次喂奶后都要把宝宝竖起来抱，有时不用拍背抱一会儿宝宝就会打嗝。喂奶后不要马上让宝宝平躺、晃动宝宝或帮宝宝换纸尿裤。

预防宝宝溢奶

母乳喂养的过程中妈妈可以稍压乳房，减慢乳汁流出速度，让宝宝能吸一口，咽一口。喂奶粉时奶瓶应倾斜 45° 以上，使奶液充满奶瓶的奶嘴，防止奶嘴中会掺入空气，以免喂完奶后，宝宝排气，就容易将奶水吐出。

宝宝为什么会吐奶和溢奶

吐奶或溢奶与宝宝的消化系统尚未发育成熟有关。宝宝的胃容积小，胃呈水平位，幽门肌肉发达，关闭紧，贲门肌肉不发达，关闭松。当宝宝吃得过饱或吞咽的空气较多时就容易发生溢奶，但这对宝宝的健康并无影响。

早产儿喂养有讲究

如何喂养早产儿

早产儿是新生儿中的特殊群体，是指胎龄小于 37 周、出生体重小于 2500 克的新生儿。早产儿的发育不成熟，免疫力低，需要给予更精心地喂养。

尽可能用母乳喂养

对于出生体重较重、吸吮能力较强的早产儿，可直接进行母乳喂养，母乳内含丰富的乳白蛋白，其中的氨基酸能够促进宝宝生长，且母乳中含有多种抗体，这些对早产宝宝的健康非常重要。

早产儿妈妈的乳汁适于早产宝宝的发育需要及消化能力，要让宝宝尽早吸吮，如此也能更好地促进妈妈乳汁的分泌。

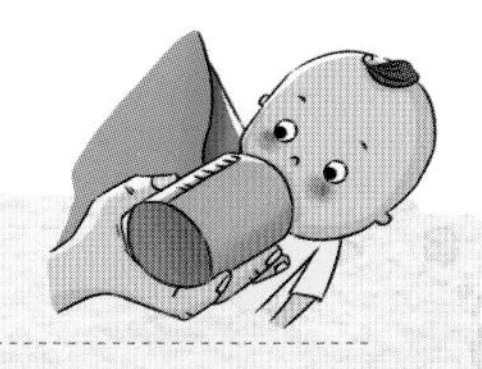

早产儿配方奶

早产儿需要摄入足够热量和蛋白质才能保证正常发育，但是早产妈妈往往没有乳汁或母乳不足，这就需要喂早产儿配方奶或混合喂养。高热量的早产儿配方奶，可以满足早产儿快速生长时对能量的需求。

母乳不足可进行人工喂养

对于吸吮力弱的早产儿，妈妈可以用吸奶器吸出来，再用匙喂给宝宝。吞咽能力不全的早产儿，可以用滴管吸取母乳后，沿宝宝的舌根慢慢滴入，注意每次的滴入量要少，速度要慢，避免宝宝呛奶。

少量多次地喂奶

早产宝宝对于营养素的需求高于足月儿。但是由于早产儿的消化功能尚未发育完全，胃部容量很小，又需每天补充足够的营养，因此妈妈需要少量多次给早产儿喂奶。这样可以有效解决早产儿的生理特点和营养需求之间的矛盾。

妈妈喂宝宝时可以缩短间隔时间，奶量由少到多，逐渐增加，让宝宝脆弱的消化系统有充足的时间进行自我调节。

早产儿的摄入量

第一次给早产儿喂奶的量不可过多，如宝宝的体重在 1.5 千克左右，那么初次喂奶量约为 4 毫升，之后每次增加 2 毫升，每天最多增长至 16 毫升。具体的量应根据宝宝的体重情况进行酌情增减。

出生 10 天内每日哺乳量（毫升）=（出生实际天数 +10）× 体重（克）/100

10 天后每日哺乳量（毫升）=1/5–1/4 体重（克）

体重与每日喂奶次数

体重	喂奶次数
体重 1000 克以下	每小时喂 1 次
体重 1000~1500 克	每 1.5 小时喂 1 次
体重 1000~2000 克	每 2 小时喂 1 次
体重 2000 克以上	每 3 小时喂 1 次

及时补充所需营养

早产儿体内维生素和铁的储备量少，加之出生后发育比足月儿快，更容易营养不良。因此，早产儿出生后2~3天内要开始补充维生素，出生后1个月开始补冲铁剂，以防缺铁性贫血。

1 氨基酸

足月儿必需氨基酸为9种，早产儿需要11种，因为早产儿有关氨基酸的转化酶比较缺乏，无法将苯丙氨酸转化成酪氨酸、蛋氨酸转化成胱氨酸，因此酪氨酸、胱氨酸就成为必需氨基酸，必须从食物中摄取。

2 蛋白质

足月儿从母乳中摄入的蛋白质占总热量的6%～7%，早产儿必须占到10.2%，比足月儿高。

3 无机盐

早产儿也比较需要，因为胎儿在母体内的最后阶段正是增加无机盐的阶段，如：铁、磷、钙需求量都要增加，早产儿体内很容易就会缺乏无机盐。

4 维生素

早产儿比较缺乏维生素E，很容易患溶血性贫血，并可能缺乏脂溶性维生素和其他一些营养素。早产儿应尽量采取母乳喂养。早产儿的营养需求必须根据个体差异来细致考虑。

早产儿的哺乳要点

早产儿胃肠功能较弱，食管下端发育不完善，容易发生胃食管反流，导致哺乳后呕吐，从而影响胃肠吸收营养，而且反流物吸入气管会引起窒息。哺乳后让宝宝俯卧可以预防这种危险的发生，并能改善早产儿的消化功能。

第二章

6 ~ 12 个月辅食喂养

母乳喂养的宝宝在 6 个月以后，妈妈的乳汁分泌量会逐渐减少，宝宝的食量也开始增加，这时只喝母乳或配方奶已经不足以补充宝宝 1 天所需的营养，此时必须给宝宝添加辅食，以满足其成长发育的需要。

科学添加婴儿辅食

什么是辅食喂养

当母乳或配方奶等乳制品中所含的营养素不能满足宝宝生长发育的需要时，就要在宝宝6个月大的时候，开始添加乳制品以外的其他食物，这些逐渐添加的食物被称为辅食。

添加辅食的重要性

母乳和配方奶的成分中90%是水分，其余是蛋白质、乳糖、脂肪和维生素等。宝宝出生后6个月内，这些营养是足够的，但6个月之后若仍然只食用母乳和配方奶，宝宝就会出现体内铁、蛋白质、钙质、脂肪和维生素等营养素缺乏的状况。

宝宝生长到6个月后应添加米粉、菜泥等富含铁的辅食。

辅食添加的作用

辅食添加的作用首先是添加营养素以弥补奶制品的不足，促进宝宝生长发育。另一个作用是训练宝宝的胃肠道功能、咀嚼、吞咽等生理功能，能培养宝宝的自理能力。

6~7 个月为半换乳期

6~7 个月的宝宝所处的时期称为“半换乳期”，即辅食添加过渡期。这里所指的换乳并不是马上换乳改喂其他食品，而是指给宝宝吃半流体的泥糊状辅食，以逐渐过渡到能吃各种固体食物的过程。

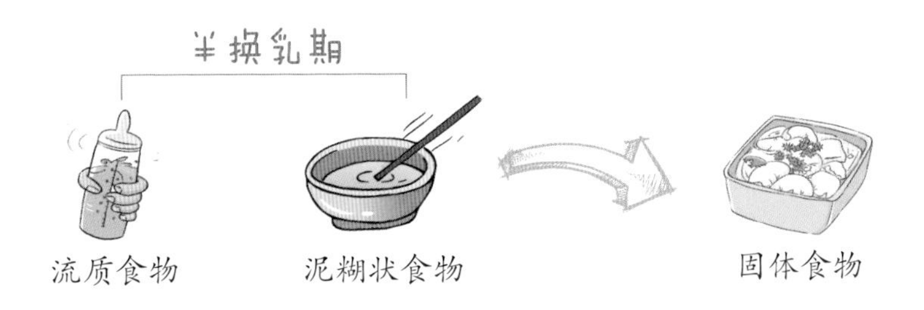

添加辅食要及时

6 个月后的宝宝需要及时添加辅食。如果辅食添加过晚，会影响宝宝的生长发育，引起营养不良或感染性疾病，不利于宝宝建立良好的饮食习惯。例如，母乳中铁含量较少，如果超过 6 个月不添加辅食，宝宝有可能患缺铁性贫血。

及时添加辅食可以保证宝宝营养的均衡，锻炼宝宝的咀嚼和吞咽能力，并且能够让宝宝接触到多种食物，防止日后出现偏食现象，养成良好的饮食习惯。

添加辅食不宜过早

6 个月以内的宝宝，消化功能还不成熟，过早地添加辅食会增加宝宝胃肠道的负担，易引起消化不良、腹泻、厌食等问题。过早摄入异种蛋白，也容易引起过敏反应。另外，辅食添加太早会使母乳摄入量相对减少。

合理搭配饮食

在给宝宝准备饮食的时候，要注意合理搭配，营养均衡，让宝宝摄入的营养更全面，从而避免营养不良。

辅食搭配技巧

食物单调很容易让宝宝产生厌倦感。辅食的食物品种要丰富多样，主食粗细交替，辅食荤素搭配。这样，既能增进宝宝的食欲，又可以保证膳食平衡。

1 粗粮＋细粮

细粮含较多氨基酸，比粗粮更容易消化吸收，且口感好；粗粮中B族维生素、膳食纤维的含量较高，但口感有些粗糙。所以，给宝宝添加辅食应粗细搭配。由于宝宝消化吸收功能较弱，不宜过多吃粗粮，可以每周吃2~3次小米面、红薯、南瓜等粗粮。粗粮用高压锅烹制出口感较好的粥，与细粮混吃或粗细粮交替食用，营养更均衡。

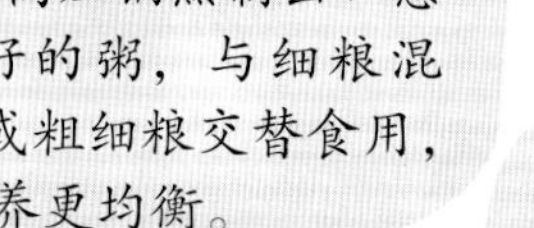

2 深色＋浅色

深色蔬菜和浅色蔬菜搭配在一起，能使饮食营养更加丰富。一般深色蔬菜都含有丰富的胡萝卜素、钙、铁等，而浅色蔬菜所含的营养则各有千秋，搭配食用营养价值非常高。

3 谷＋豆

谷类、豆类都含有丰富的蛋白质，而且豆类食品能补充谷类所缺少的赖氨酸。

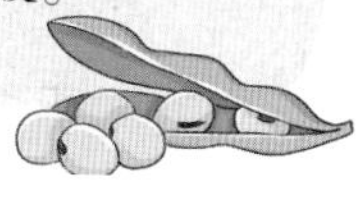

4 荤＋素

荤素搭配营养更全面。肉类食物可以为宝宝补充大量优质蛋白质和必需氨基酸；蔬果中含有较多的膳食纤维和维生素，可以促进消化吸收。鱼肉、鸡蛋等动物性食物是酸性食品，而蔬菜是碱性食品，每天按1:3的比例搭配着喂宝宝，有利于酸碱平衡，口味也更好。

辅食的营养搭配

宝宝的饮食应该多样化，合理搭配各种食材来制作果泥、菜泥、肉泥，营养才均衡。逐渐增加食物种类，也能刺激宝宝的味蕾发育与咀嚼功能，让宝宝更不容易偏食。

1

鸡蛋+虾仁=钙

虾仁、鲜贝、蟹肉这几种海鲜类食物都富含蛋白质和微量元素，而其钙含量远远高于鸡蛋，鸡蛋与虾仁的搭配不但营养全面，而且口感鲜美，非常适合成长发育中的宝宝食用。

2

牛奶+西芹、油菜=维生素

西芹、油菜富含的维生素可提高人体对奶制品中营养物质如钙的吸收，有利于宝宝健康成长。

3

南瓜+山药=淀粉酶

山药可补气，南瓜富含维生素及食物纤维，同食可提神补气，让宝宝的身体更强壮。

4

薏米+栗子=维生素C

薏米与栗子都是药食兼用的食物，均含有较高的碳水化合物、蛋白质、淀粉、脂肪，以及多种维生素和宝宝所必需的多种氨基酸。

5

牛肉+萝卜=多种维生素

萝卜富含多种维生素，能有效提高免疫力，如维生素C能刺激体内生成干扰素，破坏病毒以减少与白细胞的结合，保持白细胞的数目；维生素E能增加抗体，清除病毒、细菌等。牛肉富含的蛋白质是构成白细胞和抗体的主要成分，且萝卜中的淀粉酶能分解牛肉中的脂肪，使之得到充分吸收。

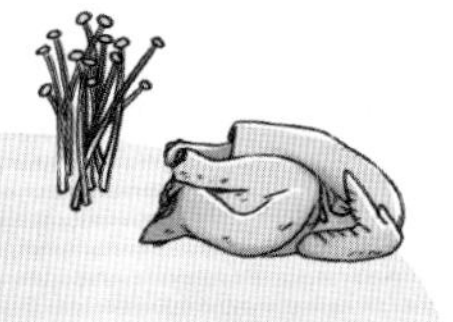

6
鸡肉＋金针菇
＝赖氨酸、锌

金针菇含人体必需的氨基酸成分，并富含锌质，对宝宝的身高和智力发育有良好的作用，人称“增智菇”。鸡肉的优质蛋白质能强壮身体，而金针菇具加速营养素吸收利用的作用，二者搭配同食，相得益彰。

7
莲子＋糯米
＝碳水化合物

莲子可滋阴除烦，糯米可补中益气、健脾养胃，与莲藕同食，可益气养血、补益五脏，对宝宝的身体健康极为有益。

8
菠菜＋胡萝卜
＝维生素A

菠菜与胡萝卜搭配食用可促进胡萝卜素转化为维生素A，以防止胆固醇在人体血管壁内沉积，保护心脑血管。

9
苦瓜＋鸡蛋＝优质蛋白

鸡蛋含优质蛋白和其他多种人体所需营养成分，与苦瓜同食可使营养更全面均衡。此外，苦瓜还宜与胡萝卜、鹌鹑蛋、茄子、洋葱、瘦肉搭配同食，可促进营养物质的吸收，使功效互补，益于身体发育。

10
鲫鱼＋蘑菇＝钙、蛋白质

鲫鱼营养丰富，蘑菇滋补清肠，搭配同食，可理气开胃、清热解毒，对身体健康十分有益。特别是婴幼儿比较容易缺钙，鲫鱼加蘑菇的搭配方案非常适合宝宝。但是鲫鱼鱼刺较多，食用时要特别小心。

11
猪肉＋卷心菜
＝维生素K

虽然人体对维生素K的需要量少，但其却是促进骨骼生长的重要维生素，且新生儿极易缺乏。一般黄绿色蔬菜都含有丰富的维生素K，如卷心菜、菜花、豌豆等。猪肉中含有宝宝生长发育必需的蛋白质，卷心菜含有丰富的维生素、钙和磷，这些物质都能促进宝宝骨骼发育。

添加辅食的原则

所有的宝宝都要适应从只吃母乳或配方奶到吃饭的过程。不过由于宝宝的个体差异，添加辅食时应根据实际情况来调整辅食开始的时间和适宜添加的品种。

若宝宝出现母乳或配方奶摄入量充足，但体重增加较少；用匙轻触宝宝口唇时会张开小嘴或做出吸吮动作；喜欢将物品放在嘴里等类似情况，未到6个月也可以酌情添加辅食。

由一种到多种

给宝宝添加辅食时，不能在短时间内增加好几种新食物。一次只能尝试添加一种，每天喂两次，每次只喂一点儿，观察3~4天后，如果宝宝的身体没有出现任何不适，说明宝宝能够接受，可以继续喂这种食物，1~2 周后再添加另一种辅食。

每次添加一种新食物，都需要让宝宝试吃，并连续观察几天，如果宝宝进食后出现消化不良、过敏等不良反应，就要暂停喂这种食物。

添加量由少到多

每种食物的添加量应该逐渐增加，让宝宝慢慢接受。添加一种新食物时，先给宝宝只添加较少的量，观察他有没有不适反应，如果没有出现不良反应，就可以慢慢加量。

颗粒由小到大

辅食添加初期食物颗粒要细小，口感要嫩滑，以锻炼宝宝的吞咽能力，为以后过渡到固体食物打下基础。在宝宝正在长牙时，可以将食物颗粒做得大一些，这样有利于锻炼宝宝的咀嚼能力。

浓度由稀到稠

刚开始先给宝宝喂流质食物，这样有利于宝宝学会吞咽的动作，之后再逐渐添加半流质食物。然后逐渐增加辅食的黏稠度，以适应宝宝消化系统的发育。长时间给宝宝吃流质或泥状食物，会使宝宝错过咀嚼能力发育的黄金时期。

辅食要做得软硬适中，既能让宝宝用牙床磨碎，又能锻炼咀嚼。喂辅食后若宝宝的大便中出现未消化完全的食物残渣，则食物要做得更细软一些。如果大便仍有异样，应暂缓添加。

区别过敏与不耐受

宝宝试吃某种食物出现呕吐、腹泻等情况，有可能是两种原因造成的：一是食物过敏；二是对食物不耐受。两者要区别对待：

如果误将食物不耐受当成食物过敏对待，长期不让宝宝吃某些食物，宝宝的食谱变得单调，随之而来的可能是营养不良。

食物过敏与不耐受的主要区别

出现反应时间	·食物过敏：一般急性过敏发生在24小时之内，慢性过敏发生在3天内。 ·食物不耐受：在进食后数小时或几天后会引起不适。
是否需要治疗	·食物过敏：过敏发生后一般需要对症治疗。 ·食物不耐受：通常无须治疗，停止喂这种食物即可。
是否回避食物	·食物过敏：停喂过敏食物3个月以上才能停止过敏症状的发生，也有部分宝宝随着年龄增长逐渐对过敏食物脱敏。 ·食物不耐受：可在短期内随着进食次数的增加，宝宝消化功能的不断完善而有所缓解。

各类辅食巧添加

6 个月后宝宝要逐步添加菜泥、肉泥等泥糊状食物。菜泥是常见的辅食，富含多种维生素及微量元素，母乳或配方奶喂养的宝宝都需要添加。

与鸡蛋黄相比，水果或蔬菜泥的味道和形状都容易让宝宝接受，其中所含营养成分比蛋黄全面，也不容易引起宝宝过敏、便秘等不良反应。

菜泥辅食如何做

如果时间允许，妈妈亲手制作各种菜泥更新鲜，口味也更丰富。制作方法基本上是将新鲜蔬菜煮或蒸熟后碾成泥。

绿菜叶泥：
选择新鲜绿色菜叶，洗净后焯水 1~2 分钟，然后剁成菜泥，加入到米粉或米粥中。

根茎状蔬菜：
土豆、南瓜等蒸熟后去皮再碾成泥，加入到米粉中。

胡萝卜泥：
先用少许橄榄油炒一下再蒸，让胡萝卜素转化为维生素 A，促进吸收。

将果汁换为果泥

果汁含有很好的营养，但是经常喝果汁的宝宝会不喜欢喝白水，这样不利于口腔的清洁。宝宝满 6 个月后要将果汁换为果泥，并鼓励宝宝多喝白开水。果泥应在两餐之间添加，最好不要与辅食混合着喂给宝宝。

水果要选择味道不太重的，如苹果、梨，以免造成宝宝对味觉的依赖，导致厌奶等问题，影响发育。

米粥辅食的做法

通常6个月开始，宝宝就可以开始喝粥了。熬粥时通过控制米粒的大小、水量多少来满足各月龄宝宝的食用需求。

一般为月龄较小的宝宝做辅食都要先泡米，打碎再煮制。

米汤的做法：

将米浸泡1小时，把米捞出放入研磨器中，加少许水，研磨成细腻的浆汁，用漏勺过滤出米渣，把米浆倒入奶锅中，加10倍的水，小火慢慢加热，在熬制过程中要不断地用匙子搅拌以免粘锅，煮沸后再用小火继续熬2分钟。

米汤

宝宝6个月后可以每天喂少量米汤作为辅助食物。米汤适合宝宝柔嫩的肠胃。

米油的做法：

将大米或小米熬粥，用小火慢熬，粥熬稠后，取粥面的一层粥油。

米油

对于消化系统未发育成熟的宝宝，米油作为辅食有利于宝宝消化吸收。由于米油中缺少铁，所以不能代替营养米粉。

稠粥

辅食添加要从稀到稠，10~12个月的宝宝适应吃稀粥后，就可以食用稠粥了。稠粥是婴儿断奶期膳食中的一种基本主食。

稠粥的做法：

将米浸泡1小时，捞出米，先用研磨机磨碎，然后加5倍的水，小火煮30分钟。

逐渐过渡

宝宝各个阶段选择的辅食是不一样的，辅食的性状也不同。辅食的添加是从汁状食物开始，再过渡到泥状、半固体状和固体状食物，逐渐添加直至和成人吃一样的食物。

随着宝宝月龄的增加，逐渐可以吃到各种新的食物，尝到各种新味道，而且还能练习吞咽、咀嚼，以及如何使用小匙、筷子等。

辅食的状态：
过滤后的鲜果汁是喂水果的第一步，到不过滤的果肉混合果汁、用勺刮的果泥、切的水果块，最后就可以让宝宝自己拿着整个水果吃。过滤后的菜汁是喂菜的开始，到菜泥、菜汤、碎菜。

汁—泥—半固体—固体

添加辅食由汁状食物开始，如米汤、菜汁和果汁，接着是泥状，如浓米糊、菜泥、果泥、肉泥、鱼泥、蛋黄等，再过渡到半固体、固体，如软饭、面条、小馒头片等。

辅食的状态：
一般情况下，鸡蛋黄是给宝宝试吃肉蛋类食物的第一步，先吃鸡蛋黄，然后再试吃鱼肉、虾肉、猪肉、鸡肉、牛肉、羊肉等。

谷物—蔬菜—水果—肉类

从添加谷类食物米粉开始，当宝宝适应米粉后，再尝试其他谷类食物。之后就可以逐步添加蔬菜、水果，最后添加动物性食物。

如何让宝宝接受辅食

添加辅食时经常遇到宝宝不爱吃的情况，对宝宝而言，辅食是十分新鲜的东西，刚开始不接受或吃得少也没有关系。在制作辅食和喂养时掌握一些窍门，可以促进宝宝的食欲，让宝宝在愉悦的氛围中逐渐适应各种食物。

1 变换新口味

食物的变化能刺激宝宝的食欲。可以在宝宝原本喜欢吃的食物中，由少而多地加入新的食材，找出更多宝宝喜欢吃的食物。不仅能帮助宝宝养成不挑食的好习惯，还能均衡摄取各种营养。

2 给宝宝示范咀嚼

宝宝吃辅食时如果用舌头往外推，妈妈可以给宝宝示范如何咀嚼食物，让宝宝边模仿边尝试。

3 愉悦的进食氛围

和家人一起用餐，或邀请小朋友一起进餐，浓郁的用餐气氛可以促进食欲。当宝宝不太饿时，不要强迫他吃或加以斥责，会让宝宝对吃饭产生心理负担。

4 改变制作方法

宝宝不爱吃某些食物，并不一定是不喜欢味道。在制作辅食时可以尝试把食物切成有趣的形状，来激发宝宝品尝的欲望。宝宝长牙后喜欢可以咀嚼的食物，不再爱吃苹果泥，这时可以切成苹果片来提高宝宝的兴趣。

5 以身作则

父母要做到按时吃饭，不挑食，不要在宝宝面前评判食物的好坏，也不能纵容宝宝吃太多零食，这样会导致孩子形成偏食、挑食的坏习惯。

6 让宝宝动动手

6个月后的宝宝开始想自己动手吃饭，还喜欢抓东西吃，这时要鼓励宝宝自己拿匙进食，并制作一些便于用手抓取的食物，来满足宝宝的欲望，也能促进宝宝进食。

添加辅食的注意事项

给宝宝添加辅食的过程需要留意观察宝宝的各种反应，让宝宝顺利地从母乳过渡到可以正常食用其他食物。

观察宝宝的反应

添加一种辅食后，要仔细观察宝宝是否有过敏反应，如果发现湿疹、皮肤红肿等不适症状，要停止添加这种辅食。过敏通常会持续 5~7 天，等到过敏症状消失后，可以逐渐添加其他辅食，但不可多量。

过敏一般很快会导致呕吐、腹泻，注意观察宝宝的大便，若发现稀便、奶瓣增加等异常状况，应暂停添加这种辅食。

现吃现做

辅食一定要选择新鲜的食材，最好当天买当天吃，如不能现吃现做，也应将食物重新蒸煮。选择皮、壳比较容易处理的食物，尽量减少使宝宝摄入残留农药和其他污染物的机会。

辅食添加初期宝宝的食用量少，如果为了省事而一次做得较多，即使做好后放入冰箱保存，也不新鲜，对宝宝是不健康的。所以最好当天做着吃，剩的食物也不要隔天再喂给宝宝。

不宜添加辅食的情况

天气热会影响宝宝的食欲，饭量会减少，还容易导致宝宝消化不良，应在天气凉爽一些时再添加辅食。宝宝患病时也不要添加辅食或增加新的食物，这样容易导致消化不良。

不强迫进食

添加每种辅食时要先少量试吃，如果尝试两三次宝宝仍不喜欢的话，就换一种食物或采用不同做法，或者过一段时间再添加。添加辅食的过程中应该鼓励宝宝对饮食产生兴趣，逐渐适应食物的变化。

当宝宝不喜欢某一种食物时，会用舌头将食物顶出来，这时不要强迫他吃，否则会影响宝宝食欲，甚至导致厌食。

宝宝餐具须消毒

宝宝的肠胃一般都比较脆弱，所以给宝宝做辅食的时候尤其要注意餐具的卫生，添加辅食的餐具要及时清洁并定期消毒。餐具每次使用后要用婴儿专用洗洁精清洗干净。一般用两次就需要消毒。煮沸是比较简便的办法。

给宝宝准备一套专用的餐具与辅食制作用具，如榨汁机、研磨器、干净的纱布等，不要和成人的用具混用。

不正确的喂养细节

如果宝宝不喜欢吃辅食，有可能是大人的错误行为所致。如过早就开始喂宝宝果汁；吃饭时给宝宝尝一些成人食品；经常给宝宝吃不必要的保健品，如钙剂、蛋白粉、牛初乳等。这样会使宝宝的味觉过早发育，从而对配方奶或米粉等不感兴趣。

过早或过多给孩子添加糖、盐等调味品，会诱发宝宝长大后出现高血压等疾病。宝宝1岁以后，可以开始喂极少量的盐。

训练宝宝的咀嚼能力

换乳期的咀嚼力训练

6~12 个月大的宝宝，正是发展咀嚼与吞咽的关键期。如果缺乏练习，1 岁后会导致喂食上的困难，宝宝的进食习惯、营养吸收及牙齿发育都会受到很大影响。

咀嚼是消化的第一步

食物在口腔内经过咀嚼，粉碎后才能消化，咀嚼又能促进消化液的分泌，减轻胃消化食物的负担，添加一些有硬度的食物，有助于乳牙萌出，并具有训练咀嚼功能的作用。

宝宝不好好吃饭时，不要凭经验认为是宝宝挑食就大声斥责，这种看似“偏食”的毛病，很可能是因为大人疏忽了宝宝的咀嚼练习而导致的。

吞咽与咀嚼的区别

宝宝生来就有寻觅乳头和吸吮的本能，从开始吸吮母乳后，随着月龄的增加，宝宝的吞咽能力会逐渐变得协调。但是咀嚼能力却并非顺其自然就能自行完善的，必须给予宝宝一定的练习。

咀嚼训练要及时

6个月后，当宝宝有咬牙的动作时，表示已经初步具备咀嚼食物的能力，应及时进行针对性的锻炼。一旦错过时机，宝宝就会失去学习兴趣，日后再训练就会增加难度，往往嚼两三下就咽下去或嚼后不愿下咽。

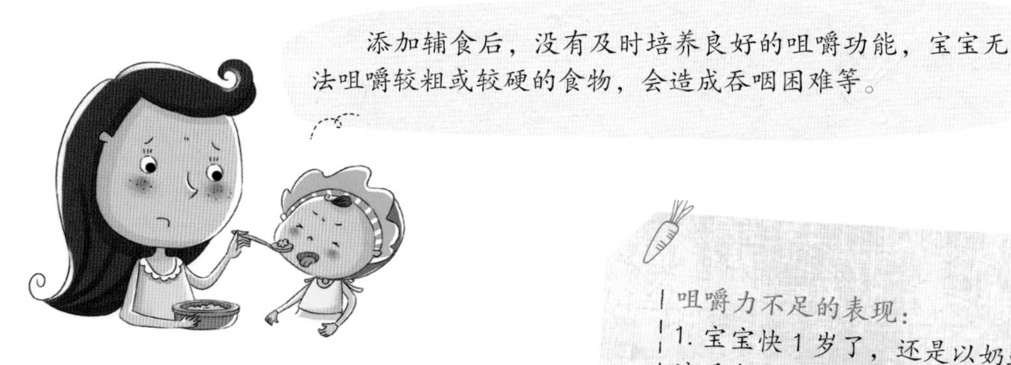

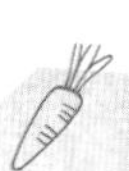

咀嚼力不足的表现：

1. 宝宝快1岁了，还是以奶或流质食物为主，偶尔才吃一些糊状食物。
2. 喂宝宝稍有硬度的蔬菜、水果或瘦肉时，宝宝会吐出来，完全不想咀嚼。
3. 宝宝吃饭时出现干呕的状况，只要把嘴里的食物吐出来就不再干呕了。但是吃一些比较细软的食物却不会干呕。

咀嚼力不足的表现

咀嚼能力不足通常在宝宝大一些后才会被发现，这也是导致很多家长疏忽锻炼宝宝咀嚼能力的原因。

不要把食物嚼烂后再喂宝宝

宝宝吃饭时，很多大人担心宝宝自己嚼不烂，会先嚼过再喂给宝宝吃，这种做法会导致宝宝缺乏直接练习咀嚼的机会。而且被嚼过的食物不需要宝宝分泌唾液和进一步咀嚼，不利于宝宝颌骨、牙齿、唾液腺的发育，会造成消化功能低下，影响食欲。另外，由于宝宝免疫力较差，吃大人嚼过的食物，有可能引起宝宝呕吐，感染肝炎和结核病等。

咀嚼训练益处多

咀嚼食物时，牙齿、舌头和嘴唇相互协调配合，有利于宝宝语言功能的发育，为日后的发声打好基础，所以，要充分利用辅食期加以练习。

培养咀嚼力的好处：

1. 有助宝宝从辅食过渡到成人化食物。
2. 有利于肠胃功能的发育。
3. 有利于营养吸收。
4. 有助于牙齿发育。
5. 有助于面部、口腔肌肉生长。
6. 舌头、嘴唇等的灵活度会影响语言能力。
7. 练习自己进食的同时提高手眼协调力。

下颌骨的闭合训练：

准备条状、块状食物，如苹果条、胡萝卜条。可以先从煮熟的食物或用香蕉、猕猴桃等较软的食物开始练习。先让宝宝咬一口，每咬一口后都要把食物取出，然后再让宝宝咬，这样可以训练宝宝的咬合力。

如何改善咀嚼能力

训练过程中宝宝有时会排斥，这时需要有足够的耐心。并且通过一些方式吸引宝宝的注意力，让宝宝觉得练习很有趣。

吞咽与咀嚼的三个发展期

吞咽期	辅食初期，由于宝宝还没有出牙，舌头的推挤反射还没有消失，喂食时或多或少会将食物顶出来，有时即使吃进去，食物也没有通过舌头传递，而是直接吞下去。
舌碾期	7~8 个月大的宝宝，牙齿刚开始萌出，一般是用舌头碾烂食物，可以给宝宝吃一些磨牙食物来训练咀嚼能力。
咀嚼期	9~24 个月的阶段，宝宝需要进行门牙切碎、牙床咀嚼及磨牙研碎等练习，逐渐向成人化饮食过渡。因此，食物形态要由糊状转换到半固体、固体食物。

各阶段咀嚼训练　6~7个月（换乳初期）——训练吞咽

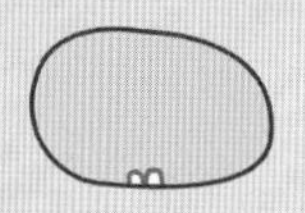

即便未到长牙的月龄，发育早的宝宝已经开始长下牙了。

进食状况

6个月以后，宝宝吸吮及吞咽液体食物的动作已成熟，可以顺利喝进奶类食物，而不容易流出来。此阶段开始，宝宝的舌头也变得较灵活，他会尝试利用舌头及口腔的动作，将嘴中的糊状食物或果汁进行吞咽，不过，动作还不是很协调，有时会把食物推了出来或是只吃进去少量的食物。

训练咀嚼能力

从6个月开始，要喂宝宝糊状或泥状等奶类之外的食物，让宝宝有机会训练口腔的动作。为了配合宝宝的嘴巴大小，应使用小且浅的汤匙来喂食。刚开始宝宝可能会将食物用舌头顶出或吐出，这时也不要心急，每天尝试就会让宝宝逐渐接受。

换乳食的程度

辅食形态多为流质或半流质食物，如：米麦粉糊、苹果泥、蔬菜泥、果汁、菜汤等。

进食的训练

6个月开始辅食从流质型向吞咽型过渡，可以为宝宝准备一些小牙饼，让宝宝自行抓握塞进口中，帮助宝宝训练手眼协调能力。

8~9 个月（换乳中期）——训练咬、嚼

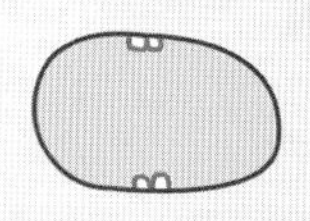

下牙开始长出，但还不能完成咀嚼，个别发育早的宝宝已开始长上牙。

进食状况

这个时期宝宝开始长牙，咀嚼及吞咽的能力会较前一个阶段更进步，宝宝会尝试以牙床进行咀嚼食物的动作，主动进食的欲望也会增强，有时看到别人在吃东西，宝宝也会做出想要尝一尝的表情。

训练咀嚼能力

可以提供更为多样化的辅食，并让辅食的形状较 6 个月大时更硬或更浓稠些。提供宝宝一些需要咀嚼的食物，以培养宝宝的咀嚼能力，并能促进牙齿的萌发。除了喂宝宝吃食物之外，如果宝宝已长牙，可以提供宝宝一些自己手拿的食物，例如水果条或小吐司。

换乳食的程度

辅食形态为半流质或半固体，像软豆腐一样的程度。

如菜泥、较粗的果泥、水果条、面包片、豆腐及稀饭等。

进食的训练

由于长牙宝宝可能会感觉不舒服，可以喂宝宝磨牙饼干、烤馒头干等稍有硬度的辅食，通过咬、啃这些食物，刺激牙龈，帮助乳牙萌出，改正咬乳头或奶嘴的现象，同时也能及时地训练婴儿的口腔咀嚼功能。

10~12个月（换乳后期）——训练咬、嚼

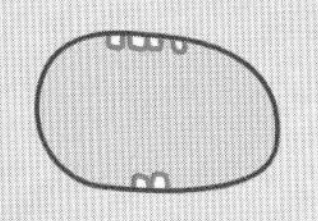

宝宝会长出2颗下牙和4颗上牙。

进食状况

宝宝已经长出4~6颗牙，咀嚼能力及口腔动作更协调，宝宝会尝试先咬碎或咬断食物，再进行简单的咀嚼动作。此阶段开始，宝宝咀嚼食物的练习对于牙齿发育也有影响。适当的咀嚼，可以刺激乳牙的生长，增进下颌、脸部肌肉发育，同时，能使宝宝从更多的辅食中得到身体发育所需的营养。

训练咀嚼能力

宝宝的辅食已逐渐进入成人化阶段，不过，不易消化或太油腻的食物还是不适合宝宝吃，最好选择较软、较易咀嚼的食物。除了喂宝宝吃饭外，应鼓励宝宝自己动手吃饭，可以为宝宝另外准备一个防水围兜及一个适合抓握的小汤匙，让宝宝自己吃，这样还能训练宝宝手眼协调的能力。

换乳食的程度

辅食形态以半固体或固体为主，软硬程度应控制得像香蕉一样。

如：软面条、蔬菜粥、肉粥、肉泥、蒸蛋与煮烂的青菜等。

进食的训练

三餐逐渐以辅食为主，奶类为辅，一天提供3~4次辅食，2次奶。可以开始训练宝宝用水杯喝水，先用带吸管的水杯，逐步换成鸭嘴杯即可。

13～15个月（换乳结束期）——咀嚼后的吞咽

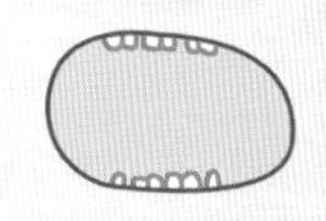

1周岁左右板牙开始长出。

进食状况

1岁后宝宝慢慢可以处理成人化的食物，越来越善于利用牙齿。另外，这个阶段宝宝也有不错的模仿能力，家长不妨常常做示范动作，提醒宝宝把食物咬一咬、嚼一嚼，让宝宝能够顺利转换到日常的正餐食物。

训练咀嚼能力

只要宝宝能接受，可以吃成人化的食物，不过，还要观察一下宝宝的消化吸收。到宝宝1岁半左右就能完全提供和大人一样的食物，只是有些食物需要帮宝宝切成合适的大小或块状，但不要切得太细。可以给宝宝长条的水果、煮过的蔬菜段或稍硬的饼干，让宝宝习惯吃固体的食物。

换乳食的程度

辅食形态以固体为主。

如鱼肉、白饭、切成段的青菜、切成块的水果。

进食的训练

鼓励宝宝自己进食。随着牙齿的发育完善，到了辅食后期，宝宝的口腔动作越来越丰富了，逐渐可以先用牙齿咬碎食物再咀嚼。这段时间必须循序渐进地给宝宝添加辅食，否则宝宝的咀嚼能力就容易减弱。

6～7个月的初期辅食喂养

添加辅食的信号

一般宝宝6个月时就可以开始添加辅食了。但是由于发育及对食物的适应性和喜好都存有一定的个体差异，所以每个宝宝添加辅食的时间、数量及速度都会有差别。

身体的信号

宝宝自己能挺住脖子不倒，背后有依靠宝宝能坐起来，而且还能加以少量转动，并且能够把自己的小手往嘴巴里放，一般就可以开始添加辅食了。

进食的信号

宝宝一天的喝奶量达到1升。对食物开始感兴趣。当大人把食物放到宝宝嘴里时，宝宝不是总用舌头将食物顶出，而是出现张口或吮吸的动作，并且能将食物向喉间送去形成吞咽动作。

换乳的适宜时期

宝宝出生后的前三个月基本只能消化母乳或配方奶，进食其他食物很容易引起过敏反应。所以，换乳时期最好选在消化器官和肠功能成熟到一定程度的6个月龄为宜。

添加辅食不等同于换乳

当母乳比较多，但是因为宝宝不爱吃辅食而用断乳的方式来迫使宝宝吃辅食的做法是不可取的。母乳是最佳的营养来源，无须着急用辅食代替母乳。

母乳是宝宝天然的食物，而米粉等辅食或小匙，都需要让宝宝慢慢接受。对于不爱吃辅食的宝宝，等用母乳喂养到 6 个月后，就会开始逐渐喜欢辅食了。

初期仍以母乳为主

6~7 个月的宝宝仍需母乳喂养，妈妈必须注意多吃含铁丰富的食物。吃的主要食物以母乳和配方奶为主，因为母乳或配方奶中含有宝宝生长发育所需的营养。母乳喂养最好坚持到 1 岁以后，以奶类为主，其他食物为辅。

辅食作为营养补充

宝宝长到 6 个月以后，对母乳或配方奶以外的食物自然有了需求。但是宝宝的主要营养来源还是母乳或配方奶，同时添加一些流质辅食即可。
其他辅食只能作为一种补充食物，不要过量添加。

添加辅食的初期，一定不要强迫宝宝进食，每天安排吃一餐辅食就可以了，每餐的量也只需要 30 ~ 40 克。但是添加辅食的初期奶量不要减少。

如何添加初期辅食

由于每个宝宝的生长发育情况不一样，添加辅食还应根据宝宝的成长需要来决定。如果选择了不当的辅食会引起宝宝的肠胃不适甚至过敏现象，所以，在第一次添加辅食时尤其要谨慎些。

这个阶段通过喂宝宝果汁和蔬菜汁来补充维生素，也为日后的换乳做准备。辅食从少量开始，先喂1小匙，以后逐渐增至2~3小匙，上下午各喂1次即可。

蛋黄的添加方法

宝宝6个月大时可以开始喂蛋黄，先用小匙喂约1/8大的蛋黄，连续喂3~4天，如果没有不良反应，再增加到1/4个或更少。接着再喂一周，如果宝宝的接受状况及排便情况都正常，就可以每周加量1/4，逐渐就可以吃整个蛋黄了。

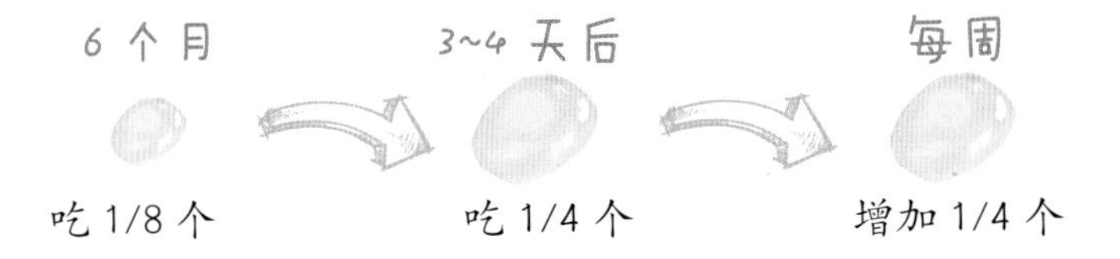

鸡蛋黄中的大分子蛋白质不好消化，宝宝进食后会出现皮疹、腹泻等不良反应。这时要暂停喂蛋黄，等到宝宝7~8个月大后再进行尝试。

辅食添加的量

添加辅食初期，奶量与辅食量的比例为8:2，奶量要保持800~900毫升。辅食从少量开始，然后逐渐增加。由于奶中的蛋白质营养吸收相对较高，对宝宝生长发育有利，因而奶量不要减少得人多太快。

添加辅食的时间

由于这个阶段的辅食营养还不足以取代母乳或配方奶，所以应该在两顿奶之间添加。白天喂奶前添加米粉，上下午各一次，每一次的时间控制在20~25分钟。

合理满足宝宝的食量

对于从6个月就开始换乳的宝宝，7个月的宝宝食量也开始增大，一般可以添加鱼肉了。若宝宝的体重平均10天增加100~120克，表明换乳进行得比较顺利。这个阶段不用过于拘泥一定的辅食量，要满足宝宝自己的食量。

7个月的宝宝可以开始喂食米粥，但是从营养角度讲，米粥不如配方奶，为了促进宝宝的生长发育，还需要搭配鸡蛋、鱼、肉等辅食。

喂食一周后再添加新食物

添加辅食的时候，一定要注意一个原则，那就是等宝宝习惯一种辅食之后再添加另一种辅食，而且每次添加新辅食的时候要留意宝宝的表现，多观察几天，如果宝宝一直没有出现什么反常的情况，再接着继续喂下一种辅食。

不要过快减少奶量

如果辅食初期奶量减少过多，给宝宝以吃泥糊状食物为主，如粥、米糊、汤汁等，宝宝会虚胖。而且辅食品种较少，营养无法满足宝宝的需要，就会导致缺铁、缺锌，从而造成宝宝贫血、食欲差。

如何应对婴儿期偏食

一般宝宝会在6个月后添加辅食阶段出现偏食现象，对于新的食物，会用舌头顶出来，喂好几次后也不吞下去。其实这种偏食和平时所说的偏食不一样，这是小宝宝一种天生的反应。

接受需要一个过程

宝宝出于本能的自我保护，一般新的食物要经过十几次甚至更多次的尝试才能接受。如果试了两次就放弃，并且误认为宝宝不喜欢这种食物，就会阻碍宝宝试吃各种味道。所以，给宝宝试喂新的食物时，要多次、少量的尝试。

宝宝平时吃清淡的食物可以保持味蕾对各种味觉的敏感性，提高对各种食物的接受程度，也就不容易偏食和挑食了。

同一食材变个花样做

如果宝宝不喜欢吃纯肉泥的话，可以把肉泥放在粥里；不喜欢吃菜泥，可以把菜切碎放在鸡蛋里蒸成蛋羹喂宝宝吃。或者变化食物的形状来吸引宝宝喜欢上这种食物，这样让宝宝愉快地进食，有利于摄入均衡的营养。

如果宝宝偏食，不肯接受某种食物，就需要想一些办法让宝宝感兴趣。千万不要强迫宝宝吃，否则也许连本来喜欢吃的食物也开始排斥了。

宝宝的第一餐添加什么

宝宝的第一种食物应该是精细的谷类食物，其中铁含量较高的婴儿营养米粉是最适合作为宝宝第一餐的。营养米粉既能保证宝宝摄取到均衡的营养，也不会过早增加宝宝的肠胃负担。

宝宝6个月后，可以在晚上睡觉前喂小半瓶奶粉或小半碗米粉，也可以在米粉中加半个蛋黄。这样宝宝就不容易饿醒，有助于睡眠。

婴儿米粉的作用

婴儿营养米粉不宜引发宝宝过敏反应，还含有适量的铁元素，且比蛋黄中的铁元素更容易被宝宝吸收，能补充母乳中相对不足的含铁量。

米粉的喂养方法

米粉应当作宝宝的一顿主食吃，即在宝宝正餐的时间喂米粉。第一次可以调得稀一点儿，放在奶瓶里让宝宝吸，逐渐变稠，两个星期后可过渡到用匙子喂。然后逐渐添加燕麦、大麦粥。

暂缓添加辅食的情况

开始吃辅食后，要随时留意宝宝的情况。食物过敏会表现为皮肤红肿、湿疹，口唇或肛周出现皮疹，腹胀或腹泻，流鼻涕或流眼泪，不安或哭闹。出现上述任何现象都应暂停添加该种辅食。

湿疹宝宝的喂食

宝宝湿疹大多数与饮食有关，一般是由于母乳、配方奶、鸡蛋白等食物过敏而引起的。母乳喂养时，妈妈尽量不吃鱼、虾、蛋等易过敏食物，以及辛辣刺激性食物。喂配方奶的湿疹宝宝，尽量选择低敏或脱敏配方奶喂养。

1岁以内的湿疹宝宝，辅食不添加鸡蛋白、大豆、花生等易引发过敏的食物。

喂食时出现干呕

喂辅食后宝宝有时会出现干呕现象，这通常是由于宝宝吃得过多，或者玩耍时吞咽了较多空气造成的。所以喂宝宝时应注意控制进食量，不要给宝宝喂太饱。干呕严重时可以适量服用益生菌，帮助宝宝消化。

换乳初期宝宝便秘怎么办

便秘要以预防为主。如果宝宝出现便秘状况，可以喂宝宝喝蜂蜜水。新鲜果汁、蔬菜汁和苹果泥等维生素含量高的食物，也对缓解宝宝便秘有帮助。

宝宝便秘要从饮食上加以注意。由于配方奶中的酪蛋白含量多，喂配方奶的宝宝容易大便干燥。宝宝摄入的纤维素较少时无法有效刺激肠道，也会形成便秘。

非母乳喂养的宝宝易缺锌

锌从生理功能上来说主要是促进生长发育。母乳中的含锌量为每100毫升含锌元素11.8微克，其吸收率为42%，是其他食物无法比拟的。

大多数宝宝只要保证均衡营养，都不需要额外补锌。锌摄入量过多，反而易引起中毒，影响宝宝的正常生长发育。

宝宝缺锌的起因

由于配方奶中的锌、钙、铁等元素会相互干扰，影响宝宝吸收，所以，非母乳喂养的宝宝更容易缺锌。而母乳喂养的宝宝缺锌的概率要低得多。孕期的最后一个月是母体储备锌元素的黄金时期，宝宝越早出生，其锌摄入量就越不足。

宝宝缺锌会出现食欲不佳、挑食、明显消瘦，多动，体重及身高增长缓慢，并易患口腔溃疡和呼吸道感染等疾病。

食补锌比较安全

缺锌易导致宝宝厌食、生长缓慢，但人体对这种微量元素的每日需求量并不大，而且锌在很多食物中都存在，只要均衡饮食，一般都不会缺锌。而长期偏食、营养不良的宝宝容易缺锌。

宝宝的饮食禁忌

婴幼儿肠道和肾脏发育还未完善，过早添加调味品或喂食含油脂较多的食物，不仅会造成肾脏负担，还会影响宝宝的味觉发育。

1 辅食不要添加味精

味精中谷氨基酸含量在85%以上，这种物质会与宝宝血液中的锌结合，生成谷氨基酸锌，无法被身体吸收。这会导致宝宝缺锌，并导致宝宝厌食、生长缓慢。

2 宝宝要少吃甜食

很多食物本身就含有糖分，在给宝宝制作辅食时最好少用白糖，不要让宝宝养成爱吃甜食的习惯。多吃含糖较高的食物和水，不仅会使宝宝的腹部饱胀，还容易造成龋齿，而且宝宝常吃甜食，容易导致肥胖。

3 过氧脂质影响宝宝智力

长期从饮食中摄入过氧化脂并在体内积聚，可使人体内某些代谢酶系统遭受损伤，导致大脑早衰，如熏鱼、烧鸭等。还有炸过鱼、虾的油会很快氧化并产生过氧脂质。另外，如鱼干、腌肉及含油脂较多的食物都应尽量少吃。

4 宝宝1岁内要少摄入盐

1岁内的宝宝，过早添加盐，不仅会造成其日后挑食，还会加重肾脏负担。高盐饮食还容易造成上呼吸道菌群失调，降低抗病力，并会导致智力迟钝。

1岁后每日的盐摄入量也要控制在2克以内。

提高宝宝免疫力的营养素

营养膳食与提高免疫力关联密切。铁、蛋白质等营养素都是提高宝宝免疫力不可或缺的，还包括 β－胡萝卜素、叶酸、维生素 B_{12}、烟碱酸、泛酸等。

优质营养能提升宝宝免疫力，宝宝多吃天然食物，选择益生元配方奶粉，均有助于提高宝宝的免疫力。不要喂食高油、高糖的精加工食品。

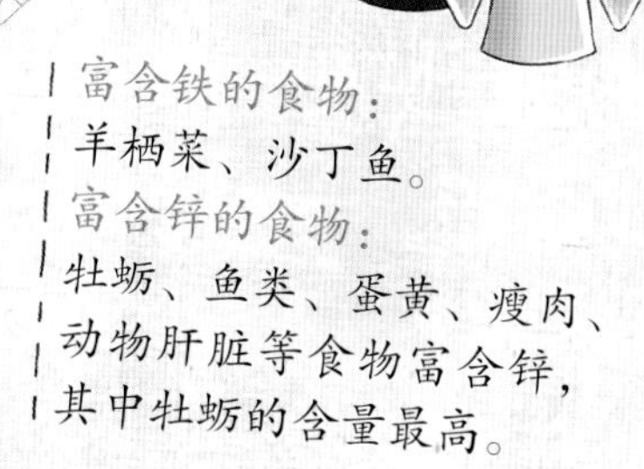

铁、锌

血液中的白细胞可防御细菌入侵。摄入充足的铁、锌等矿物质，可以补养血液，促进细胞新陈代谢，对提高免疫力至关重要。

富含铁的食物：
羊栖菜、沙丁鱼。
富含锌的食物：
牡蛎、鱼类、蛋黄、瘦肉、动物肝脏等食物富含锌，其中牡蛎的含量最高。

富含蛋白质的食物：
谷类、鱼类、豆类、南瓜、鸡蛋、猪肉等。

蛋白质

蛋白质是构成免疫细胞和抗体的主要成分。如鱼类等食物富含优质蛋白质、DHA 和 EPA 等不饱和脂肪酸，有助于宝宝的健康。

维生素 A、维生素 C

摄取维生素 A 和维生素 C 可以增加免疫力。补充足够的维生素 C 还能刺激身体制造干扰素，可增加抗体，清除侵入体内的细菌和病毒，从而增强免疫力。

富含维生素 C 的食物：
南瓜、香蕉、草莓等新鲜蔬果。
富含维生素 A 的食物：
菠菜等黄绿色蔬菜、奶酪。

初期添加辅食的材料

刚开始添加辅食的阶段，最好从味道清淡、不容易引发宝宝过敏的食物开始尝试，并根据宝宝的发育状况，改变食物的种类和硬度。添加辅食不仅要注重营养，还要让宝宝愉快地接受母乳、奶粉以外的味道。

南瓜　富含脂肪、碳水化合物、蛋白质等，热量比较高，可以满足宝宝成长所需的能量。本身具有的甜味，能增加宝宝的食欲。初期要煮熟或蒸熟后再食用。

苹果　辅食初期常见食材。在宝宝适应蔬菜泥后就可以开始喂食苹果泥。因为苹果皮含有不少营养成分，所以削皮时尽量薄一些。

香蕉　脂肪、酸的含量低，含糖量高，可以在添加辅食初期适量食用。应挑表面有褐色斑点熟透了的香蕉，切除掉含有农药较多的尖部。初期放在米糊里煮熟后食用更安全。

梨　梨不易引起过敏反应，所以添加辅食初期就可以食用。此外，梨还具有祛痰降温、帮助排便的功用，可在宝宝便秘或感冒时食用，一举两得。

西瓜　富含水分和钾，有利于排尿。既散热又解渴，是夏季制作辅食的绝佳选择。因为容易导致腹泻，所以一次不可食用太多。去皮、去子后捣碎，然后用纱布过滤后烫一下再喂给宝宝。

李子　膳食纤维的含量为一般水果的3～6倍，适合便秘的宝宝。因其味道较甜，可在宝宝5个月后喂食。刚开始添加时应选用熟透的、味淡的李子。

桃、杏

换乳初期不少宝宝会出现便秘，此时较为适合的水果就是桃和杏。因水果表面有毛，易过敏，所以5个月后开始喂食。有果毛过敏症的宝宝宜在1岁后食用。

甜叶菜

富含维生素C和钙的黄绿色蔬菜。因为纤维素含量高，不易消化，所以宜5个月后喂食。取其叶部，洗净后用开水汆烫，然后碾碎后食用。

西蓝花

富含维生素C，宝宝感冒时也可以添加。但是不要使用它的茎部来制作辅食，只用菜花部分，注意制作前先用盐水浸泡十几分钟并冲洗干净，磨碎后可以放置冰箱保存备用。

油菜

容易消化，是常见辅食材料。虽然富含铁，但因其阻碍硝酸吸收，容易导致贫血，所以6个月内的宝宝忌食。加热时间过长会破坏维生素和铁，所以用开水汆烫后搅碎，然后用筛子筛后食用。

大萝卜

富含对治疗感冒、咳嗽有很好效果的消化酶。可以在宝宝5个月大的时候开始喂食。其根部的辣味较重，因此宜选用中间或叶子部分来制作辅食。

鸡胸脯肉

脂肪含量低，味道清淡且易消化吸收。这个部位的肉很少会引起宝宝过敏。为及时补足铁，可在宝宝6个月后添加并经常食用。煮熟后将鸡胸脯肉捣碎食用，鸡汤还可冷冻保存，留待下次食用。

白菜

富含维生素C，能预防感冒。因其膳食纤维含量较多，不易消化，并且容易引起贫血，应在宝宝6个月后再食用。添加辅食初期应选用膳食纤维含量少、维生素聚集的叶子部位。选用里面菜心，煮熟后捣碎食用。

菜花

能增强抵抗力，排出肠毒素。适合容易感冒、便秘的宝宝。将它和马铃薯一起食用既美味又有营养。去掉茎的部位，选用新鲜的菜花部分，开水汆烫后捣碎食用。

卷心菜

适用于体质较弱的宝宝，可以提高对疾病的免疫力。首先去掉硬而韧的表皮，然后用开水烫一下里层的菜叶后捣碎，再用榨汁机或研碎碗碾碎后加入到米粉或大米粥中一起煮。

胡萝卜

富含维生素和矿物质。虽然辅食中常用它补铁，但它也含有易引起贫血的硝酸盐，所以一般6个月后食用。油煎后食用较好，换乳初期和中期应去皮蒸熟后食用。

蘑菇

除了含有蛋白质、无机盐、膳食纤维等营养素，还能提高免疫力。先食用安全性最高的冬菇，没有任何不良反应后再尝试其他蘑菇。先用开水烫一下后切成小块，再捣碎后食用。

海带

富含纤维素和无机盐，是较好的辅食材料。附在其表面的白色粉末易溶于水，故而用湿布擦干净即可。擦干净后用煎锅煎脆后再捣碎食用。

7 ~ 9个月的中期辅食喂养

添加中期辅食的信号

一般在添加初期辅食 1~2 个月后进入中期辅食喂养。试着把熟胡萝卜等硬度像豆腐的食物切成 3 毫米大小的块，放进宝宝嘴里，如果宝宝不吐出来，会使用舌头和上牙龈磨碎着吃，通常表示可以添加中期辅食了。

如果到了辅食添加中期，宝宝无法较为熟练地咬碎小块的食物，就需要先继续喂更细碎、更稠的食物，过几天再尝试喂切成 3 毫米大小的块状食物。

中期辅食的营养需求

7~9 个月的宝宝，已经开始逐渐萌出牙齿，初步具有一些咀嚼能力，消化酶也有所增加，能吃的辅食越来越多。而且到了辅食中期，妈妈的母乳量开始减少，母乳质量也开始下降，必须给生长迅速的宝宝增加营养全面的辅食。

这个阶段宝宝对某种食物的喜好已经表现出来，煮粥时不要大杂烩，应分别喂，让宝宝体会不同食物的味道。

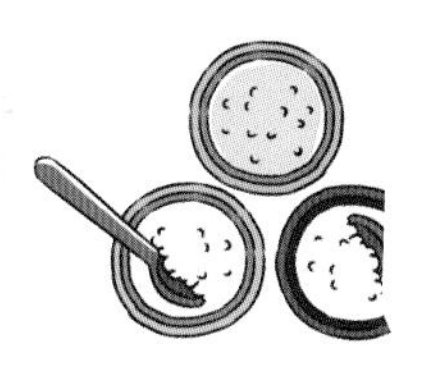

每天的喂食安排

每天喂3次母乳或配方奶，分别在早6点、下午2点和晚上10点，每次约喂250毫升。另外，还需要在上午10点和下午6点左右添加两次辅食。

辅食要多样化

中期辅食要保证全面而均衡的营养，菜泥、肉泥、芝麻粥、牛肉汤、鸡汤等营养丰富的食物都要让宝宝吃，使宝宝逐渐适应多样化的饮食，并帮助宝宝养成不偏食、不挑食的好习惯。

长牙期的辅食添加

7~9个月的宝宝正处于长牙期。可以给宝宝吃一些切成小块的水果，已经长牙的宝宝还可以喂一些小饼干或面包片，来锻炼宝宝的咀嚼能力。

这个阶段给宝宝吃的块状食物不能太大，以免导致宝宝吞咽困难甚至引发危险，而且注意不要为了让宝宝多练习咀嚼而喂食过量。

促进味觉发育

这个阶段是宝宝味觉开始快速发育的阶段。可以让宝宝进食一些能够用舌头碾碎的固体食物，如熟胡萝卜条、水果块、松软的面包块等，促进宝宝的咀嚼功能和肠胃功能的发育；还可以让宝宝尝试各种食物的味道，促进味觉发育。

宝宝长牙所需的营养素

宝宝长牙期间，辅食为牙齿发育提供了必要的营养素，还有利于宝宝练习咀嚼，对宝宝的语言能力发展也有帮助。如果摄入营养素过少或比例失调，会造成宝宝牙齿发育不全和钙化不良。

矿物质

充足的钙、磷是形成牙齿的基础。适量氟可以使乳牙不受腐蚀，不易发生龋齿。有了这些营养素，小乳牙才会长大且坚硬。

富含矿物质的食物：
乳类含钙丰富且吸收率较高。虾仁、海带、紫菜富含矿物质钙。肉、鱼、奶、豆类、谷类及蔬菜能补充矿物质磷。海鱼中含大量氟，可适量补充。粗粮、黄豆、黑木耳等含较多钙、磷、铁和氟，有助牙齿钙化。

蛋白质

蛋白质对牙齿的形成、发育、钙化、萌出起着重要作用。如果蛋白质摄入不足，会造成宝宝的牙齿排列不齐、萌牙时间延迟及牙周病变等现象，且容易导致龋齿。

富含蛋白质的食物：
各种动物性食物、奶制品中所含的蛋白质属优质蛋白质。植物性食物中以豆类所含的蛋白质量较多。

维生素

维生素A能促进骨骼与牙齿的发育，对于出牙阶段的宝宝尤为重要。钙的吸收需要维生素D，维生素A、维生素C、B族维生素能促进牙釉质的形成，维护牙龈健康。

富含维生素的食物：
富含维生素A、维生素D的食物主要有乳类、动物肝脏。各种新鲜蔬果富含维生素C，其中的膳食纤维还具有按摩牙龈和清洁牙齿的作用。

添加蔬果为宝宝防病

这个阶段，无机盐和微量元素的补充对宝宝发育十分重要，所以要多摄入新鲜蔬果，增强防病、抗病能力。

1 西红柿

贫血：西红柿2个洗净，鸡蛋1个煮熟，同时吃下，每日1~2次。

皮肤炎：将柿子去皮和子后，捣烂外敷患处，每日更换2~3次。

2 白菜

百日咳：大白菜根3个，冰糖30克，加水煎服，每日3次。

感冒：大白菜根3个洗净、切片，红糖30克，生姜3片，水煎服，每日两次。

3 冬瓜

夏季感冒：鲜冬瓜1块切片，粳米1小碗。冬瓜去皮瓤切碎，加入花生油炒，再加适量姜丝、豆豉略炒，和粳米同煮粥食用。每日两次。

咳嗽有痰：用鲜冬瓜1块切片，鲜荷叶1张。加适量水炖汤，加少许盐调味后饮汤吃冬瓜，每日两次。

4 土豆

习惯性便秘：鲜土豆洗净切碎后，加开水捣烂，用纱布包绞汁，每天早晨空腹服下一两匙，酌加蜂蜜同服，连续15~20天。

湿疹：土豆洗净，切碎捣烂，敷患处，用纱布包扎，每昼夜换药4~6次，两三天后便能治愈湿疹。

5 萝卜

扁桃体炎：鲜萝卜绞汁30毫升，甘蔗绞汁15毫升，加适量白糖水冲服，每日两次。

腹胀积滞、烦躁、气逆：鲜萝卜1个，切薄片；酸梅2粒。加清水3碗煎成1碗，去渣取汁，加少许食盐调味饮用。

6 胡萝卜

营养不良：胡萝卜1根，煮熟每天饭后当零食吃，连吃1周。

百日咳：胡萝卜1根，切碎并挤汁，加适量冰糖蒸开温服，每日两次。

训练宝宝自己吃饭的启蒙期

对食物的自主选择和自己进餐，是宝宝早期个性形成的一个标志。由于每个宝宝的发育情况不同，应当根据自己宝宝的情况选择适当的时机，培养宝宝自己动手吃饭的能力。

大人放开手，宝宝才有机会去学习。一般在宝宝8~9个月大时，开始对餐具表现出浓厚的兴趣，会伸手想要抢大人手中的汤匙、奶瓶，这正是训练宝宝自己进餐的好时机。

妈妈做示范

用匙喂宝宝吃饭时，也让宝宝拿一把匙子。妈妈可以做示范，让他比画着模仿大人拿匙吃饭的动作。这时宝宝一般不会挖碗里的食物，而是拿着餐具敲打，这也是种练习，对吃饭也会更有兴趣。

鼓励宝宝自己拿

一开始妈妈可以从旁协助，如果宝宝拿不住食物或餐具，也要耐心引导，教宝宝如何用拇指和食指拿住东西。练习阶段可以给宝宝做一些能用手拿着吃的点心和切成条或片的蔬果。

帮助宝宝建立“自己吃饭”的信心

练习自己吃饭时，如果宝宝不小心把食物撒到桌子上，大人不要严厉地指责宝宝，以免抹杀宝宝的学习欲望，应给予必要的鼓励，帮助宝宝从失败中吸取教训。如果宝宝进步很慢，也不要强迫，否则就会使宝宝产生不良的心理影响。宝宝长到1岁左右，手部肌肉的控制力和抓握力增强后，自然就会越做越好。

喂食时的注意事项

随着宝宝能够食用的食物种类逐渐增加，在添加辅食时更要注意食物的选择，既要满足宝宝的营养物质需求，又要避免饮食不当引起宝宝不适，或摄入营养过多导致肥胖。

如果宝宝吃了油腻或难消化的食物，出现腹胀、便秘现象，可以用南瓜做辅食，如和大米一起煮饭、熬粥，也可蒸食，有利于消食通便，消除不适症状。

饮食单调易导致偏食

9个月后宝宝进入换乳期，可耐受的食物范围更广。如果每天吃的食物种类及做法单一，就不利于宝宝分辨各种食物的味道和质地，使宝宝不愿意接受新的食物，从而造成挑食，甚至营养不良。

少吃含草酸多的蔬菜

菠菜、韭菜等含有大量草酸，会影响人体对钙的吸收，进食过多会导致宝宝骨骼及牙齿发育不良。做辅食时要先把菠菜用开水焯一下，去除大部分草酸。不过对于缺钙的宝宝，最好少吃菠菜。需要补铁的话还可以吃一些瘦肉末、鱼泥、蛋黄等。

鱼松要少吃

鱼松由鱼肉烘干压碎，并加入了很多调味剂，还含有大量氟化物。如果宝宝每天吃10克鱼松，就会吸收8毫克氟化物。然而，人体每天能吸收氟化物的量是3~4.5毫克，若氟化物的摄入量长期超标，会影响宝宝的骨骼、牙齿的正常发育。

少吃不易消化的食物

婴儿的消化功能发育不完全，花生米、糯米等不易消化的食物会给宝宝消化系统增加负担。竹笋、膳食纤维含量过多的菜梗等较难消化的蔬菜也最好不要喂宝宝吃。

喂宝宝吃西瓜不要过量

夏天适当吃点儿西瓜能消暑解热，对宝宝有好处。但是如果短时间内进食过量，就会稀释胃液，造成宝宝消化系统紊乱。肠胃功能不好的宝宝最好不要吃西瓜。

中期辅食中依然不要添加盐等任何调味品，因为这个阶段的宝宝肾脏功能还不完善，吃过多调味料会导致肾脏负担加重，并且造成血液中钾的浓度降低，损害宝宝的心脏功能。

不要喝可乐等饮料

小宝宝发育不完善，过酸和过凉的饮料会伤害胃黏膜。而且饮料中添加的合成色素、香精等成分，会加重宝宝肝和肾的负担，并会造成免疫功能下降。可乐还会影响宝宝的神经系统发育。

当宝宝不吃饭或不耐烦时的喂食要领

当宝宝拒绝吃饭时，除了正餐以外，不喂食宝宝任何其他食物，等到用餐时间，宝宝感觉到肚子饿，自己便会要求进食，此时要给宝宝提供容易消化的食物。当宝宝感到不耐烦时，要马上停止宝宝进食，先安抚宝宝的情绪，等宝宝的情绪稳定下来之后，再让他继续用餐。

中期辅食的添加方法

宝宝对食物的喜好在这一时期明显体现出来，所以，妈妈可以根据自己宝宝的喜好来安排食谱。但是不论辅食如何变化，都要保证膳食结构和比例的均衡。

食物由稀过渡到稠

7~9个月的辅食逐渐从易于吞咽的泥状变成稠糊状，即从细腻的泥状向略有颗粒感的状态转变，如菜泥至菜末，肉泥至肉末的变化。

由于食物不需要过滤或磨碎，水分减少，颗粒增粗，宝宝吃进嘴里后，通常需要咀嚼一会儿才能咽下去。这时可以先从蛋羹、碎豆腐开始喂，再逐渐过渡到碎青菜等，有利于宝宝练习怎样吞咽食物。

七八个月开始添加肉类

宝宝到了7~8个月后，可以开始添加肉类辅食。先喂容易消化吸收的鸡肉、鱼肉等肉类。随着宝宝胃肠消化能力的增强，逐渐添加猪肉、牛肉、动物肝脏等辅食。

这一时期正是宝宝长牙的时候，可以提供一些需要用牙咬的食物，如胡萝卜去皮切成条，让宝宝整根地咬，训练宝宝咬的动作，促进牙齿生长，而不仅是喂给宝宝吃。

让宝宝尝试各种辅食

每日添加的两次辅食的食材或做法最好不同，也可以混合食用，如青菜搭配鱼肉在一起做。这样能利用每天进食的时间，让宝宝尽可能多地尝试到不同的辅食，体会到各种各样的食物味道。

开始喂宝宝面食

面食中含有可能会导致宝宝过敏的成分，通常在6个月前不予添加。在宝宝6个月后不易发生过敏反应时可以开始添加。

养成良好的饮食习惯

7~9个月时宝宝已能坐稳了，喜欢坐起来吃饭，可把宝宝放在儿童餐椅里让他自己吃辅食，这样有利于宝宝形成良好的进食习惯。

保持营养素平衡

在每天添加的辅食中，蔬菜是不可缺少的食物。可以开始尝试少吃一些生的食物，如西红柿及水果等。每天添加的辅食，不一定能保证当天所需的营养素，可以周为单位，合理搭配饮食，使营养全面均衡，达到身体的营养需要量。

蛋羹

由半个蛋羹过渡到整个蛋羹。

每天喂稠粥两次，每次一小碗（6～8汤匙）。一开始可以在粥里加上2～3汤匙菜泥，逐渐增至3～5汤匙，粥里可以加少许肉末、鱼肉、豆腐末等。

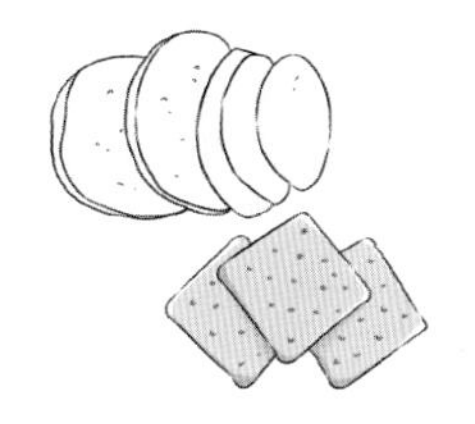

让宝宝随意啃馒头片或饼干，训练咀嚼及吞咽动作，刺激牙龈以促进牙齿发育。每天喂2~3次乳品，吃辅食前应先喂母乳或配方奶，中间最好隔开一小段时间，以免添加的半固体辅食影响母乳中铁的吸收。

中期添加辅食的食材

7个月开始要及时添加换乳食物。如麦糊、土豆泥、果泥、蛋黄等稠糊状食物，以及磨牙饼干。这不仅能够帮助宝宝缓解出牙不适，锻炼啃咬及咀嚼能力，加速乳牙萌出，还有助于增加饱腹感，满足该阶段营养需求。

糙米　所含的维生素 B_1 和维生素E是大米的4倍，但缺点是不易消化，故在7个月后才可以开始少量喂食。先用水泡2~3小时后用粉碎机磨碎后使用。

大麦　大麦不适合在辅食添加初期食用，因为大麦属于不易消化并且易过敏的食物。宝宝7个月后可以开始吃大麦煮的粥。

黑米　长期食用后可以提高身体免疫力，也适合便秘的宝宝。因为它的营养素是来自黑色素中的水溶性物质，所以食用前要用水泡，简单冲洗后放入榨汁机里搅碎食用。

绿豆　具备降温、润滑皮肤等作用，对有过敏性皮肤症状的宝宝特别有益。先用凉水浸泡一夜后去皮，或煮熟后用筛子去皮。若买的是去皮绿豆可直接磨碎后放粥里煮熟食用。

大豆　富含蛋白质和碳水化合物，有助于提高免疫力。易过敏的宝宝宜在1岁后喂食。不能直接浸泡食用，应在水中浸泡半天后去皮、磨碎再用于制作辅食的配餐。

玉米　富含维生素E，对于易过敏的宝宝，应等到1岁以后再添加。去皮磨碎后再行食用。食用前最好用开水烫一下。

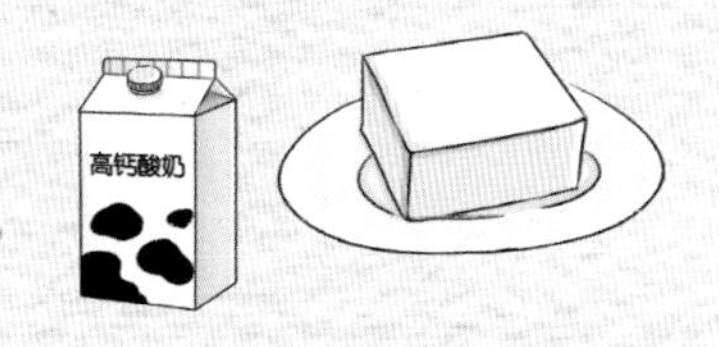

大枣

富含维生素A和维生素C。因为新鲜的大枣容易引起腹泻，所以要在宝宝1岁后再喂食。用水泡后去核，捣碎再喂食，也可泡水后煮开食用。

香瓜

富含维生素A、维生素B_1、维生素B_2，适合夏季食用的水分高的碱性食物。去掉不易消化的子儿和皮后捣碎，一般可放粥里煮，8个月大的宝宝可生食。

哈密瓜

富含钾、无机物、维生素和水。鲜嫩的果肉吃起来味道香甜可口。9个月大的宝宝就可以生吃了。挑选时应选纹理浓密鲜明的，顶部柔软、根部干燥的。

鸡蛋

蛋黄可以在宝宝7个月后喂食，但蛋白还是应在1岁后喂食为佳。易过敏的宝宝最好在1岁后再喂食蛋黄。每周喂食3个左右。为了去除蛋黄的腥味，可以和洋葱一起搭配食用。

酸奶

选用无糖的酸牛奶或无脂酸奶粉。虽然奶粉本身没有食品添加剂，但如果宝宝过敏，也要在满周岁后再喂食。宝宝嫌味道淡的话，可添加西瓜或哈密瓜等水果后再喂食。

豆腐

辅食里常见的材料，具有高蛋白、低脂肪、味道鲜的特点。易过敏的宝宝要在满1岁后再喂食。可以和蘑菇或其他蔬菜一起食用，也可不放油煎熟后食用。

洋葱

富含蛋白质和钙。因其味道较浓，宜较晚些再添加。熟了的洋葱带有甜味，所以可在辅食中添加。食用先可切碎后放水中浸泡以去其辣味。

鳕鱼

最常见的用于辅食制作的海鲜类，富含蛋白质和钙，脂肪含量极少，味道也清淡。食用时用开水烫一下后蒸熟去骨捣碎后喂食。

加吉鱼

不仅含有丰富的蛋白质，而且容易消化吸收，腥味少，是常用的换乳食材。蒸熟或煮熟后去鱼刺与鱼骨，捣碎食用。

黄花鱼

富含宝宝容易消化吸收的蛋白质，是较好的换乳食材。为防营养缺失宜蒸熟后去除鱼刺，捣碎食用。若是腌制过的最好在1岁后再喂给宝宝。

明太鱼

含有大量的蛋白质和氨基酸，很适合成长期的宝宝食用。煮熟后去刺，然后和萝卜一起用榨汁机搅碎。鱼汤也可以饮用。

带鱼

避免食用有调料的带鱼，以免增加宝宝肾的负担。喂食宝宝的时候注意那些鱼刺。可以使用淘米水去其腥味，然后配餐。蒸熟或煮熟后，去刺，捣碎食用。

牡蛎

钙、维生素、蛋白质等含量都比较高，对于贫血非常有效，且牡蛎煮熟后肉质鲜嫩。（可用盐水冲先洗牡蛎，再用清水冲洗后放入粥内煮。）

海带
莼菜

富含促进新陈代谢的有机物，适合冬季食用，且易吸收。因为含碘较高，故控制食用量。食用前先去掉表面盐分，浸泡1小时后切碎，放搅拌机搅碎后食用。

松子

富含脂肪和蛋白质的高热量食品。丰富的软磷脂有利于宝宝大脑发育。易过敏的宝宝要在1岁以后再食用。

芝麻

食用芝麻有助于宝宝的大脑发育。宝宝可能拒绝芝麻那浓浓的味道，所以开始时可少量添加。芝麻洗净后放锅内炒熟，研碎后放入粥内食用。

婴儿奶酪

富含蛋白质、维生素和脂肪。尤其是钙的含量高，蛋白质也容易被消化吸收。1岁前喂食的应该是盐低、不含人工色素的婴儿用奶酪。若是易敏儿，则要1岁后再喂食。

茶籽油

可以提高宝宝的免疫力，增强胃肠道的消化功能，促进钙的吸收，对处于生长期的宝宝有益。其中的维生素E和抗氧化成分还可以预防疾病。可以低温烹饪或直接调用。

10～12个月的后期辅食喂养

添加后期辅食的信号

很多宝宝在10个月大后开始对成人食物产生浓厚的兴趣，而且表现出独立欲望，自己愿意用小匙吃饭或用手抓东西吃，还想要学大人使用筷子。此时，宝宝应该已经完全适应每天添加的2~3次辅食，排便也看不出来明显异常。

即使不熟练，也要多给宝宝拿小匙吃饭的机会。宝宝初期使用的小匙应该选用像冰激凌匙一样手把处平平的匙。

逐渐适应以三餐为主的饮食

10~12个月的宝宝已经基本适应以一日三餐为主、早晚配方奶为辅的饮食模式。营养重心从配方奶转换为普通食物。这个阶段需要注意增加食物的种类和数量，保证宝宝的饮食质量。

10~12个月的宝宝消化系统发育较完善，在喂食方面不用像过去那样小心翼翼。所以，在辅食添加后期，可以尝试喂宝宝过去因担心过敏而未食用的食物了，但是须随时观察宝宝的状态。

后期辅食的营养需要

宝宝出生后以乳类为主食，经过将近一年的时间终于完全过渡到以谷类为主食。米粥、面条等主食是宝宝补充热量的主要来源，肉泥、菜泥、蛋黄、肝泥、豆腐等含有丰富的矿物质和纤维素，促进新陈代谢，有助于消化。

宝宝的活动量在10个月后会大大增加，但是食量却未随之增长。所以宝宝已经不能光靠母乳或配方奶来补充活动消耗，应该添加一些块状的辅食来补充必需的能量。

钙和磷的补充

本阶段的宝宝正处在长牙的高峰时期，而钙和磷可促进人体的骨骼和牙齿的生长发育，因而本阶段要让宝宝多食用一些钙和磷含量较高的食物，如奶制品、虾皮、绿叶蔬菜、豆制品、蛋类等。

一般情况下，宝宝每天需要约600毫克钙和400毫克磷。如果钙和磷摄入过高或过低，反而不利于宝宝的成长。

经常变换主食

这个阶段，宝宝的主食可以选择米粥、软饭、面片、龙须面、馄饨、豆包、小饺子、馒头、面包、糖三角等。每天三餐应变换花样，增进宝宝食欲。做法要更接近幼儿食品，但是还要软一些、精细一些，易于宝宝消化吸收。

添加后期辅食的方法

换乳后期是中期的延续，要让宝宝养成一日三餐的模式，辅食不能只喂宝宝糊状食物，还要添加固体食物，及时锻炼宝宝的咀嚼能力，更好地向成人食物过渡。

仍需喂足够的乳品

辅食后期宝宝活动量大，新陈代谢也旺盛。母乳或配方奶能补充能量与大脑发育必需的脂肪，所以在这个阶段母乳和配方奶也是必需的。一天应喂奶3~4次，共600~700毫升。配方奶可喂到1岁，母乳可以喂到2岁或更久。

母乳喂养可在早起后、午睡前、晚睡前、夜间醒来时，尽量不在三餐前后，以免影响进餐。

面条类辅食的做法

后期辅食中面条没有必要再弄成碎末状，做之前先切成短段，用小火煮软就可以了，如果宝宝消化吸收不是很好，可以用匙子将煮好的面条再切碎到粒状的程度即可。

先从较黏稠的粥开始

从宝宝9个月大时就可以开始喂食较稠的粥，为过渡到后期辅食做准备。如果宝宝不抗拒，到了10个月大就可以用大米直接熬粥给宝宝吃。蔬菜也可以切成5毫米大小的块状。

煮粥时可以加入煮熟的蔬菜末、海带末、蘑菇末等，使营养更丰富。

谷、豆类一起搭配做粥，营养价值更高。特别是宝宝萌牙时，咀嚼能力尚弱，熬一些健脾的粥给宝宝吃，既保证营养又可以训练宝宝咀嚼，如绿豆小米粥、红豆薏米粥等。

两招应对宝宝厌食

辅食添加过早或过多都会影响宝宝的肠胃功能。由于宝宝的肠道对食物的消化吸收较弱，这个时期容易出现消化不良的现象，通过下面的方法可以加以改善，有效防止厌食。

腹部按摩

宝宝肠胃功能弱，消化不良时容易发生肠胀气。除了给宝宝多喝水外，适当的腹部按摩可以促进宝宝肠蠕动，帮助消化。按摩应在宝宝进食 1 小时后进行。

按摩手法：
让宝宝仰卧。妈妈手部蘸取婴儿油抹在宝宝的肚子上，右手五指并拢，以肚脐为中心，用四指指腹分别按顺时针、逆时针方向划大圈各按摩 30 圈。每天按摩 2~3 次。

食物助消化

宝宝在夏天经常出汗，容易导致锌元素流失，缺锌会引起厌食。这时可以用杏仁、莲子磨成粉，添加到辅食中给宝宝食用。在高温环境中，宝宝容易发生肠道菌群的紊乱，适量补充益生菌，有助于增强肠道功能，从而增进宝宝食欲。

辅食后期的饮食禁忌

这个阶段宝宝可以和大人一起进餐，对新事物的接受能力逐渐增强，而且宝宝的各个方面都在迅速发育，这时要注意对宝宝饮食习惯的培养。特别是在辅食的制作上要保证饮食的健康。

鸡蛋不能代替主食

这时候宝宝的消化系统还较弱，各种消化酶分泌还很少，如果每顿都吃鸡蛋，会增加宝宝胃肠的负担，严重时还会引起宝宝消化不良、腹泻。1岁的宝宝，鸡蛋仍然不能代替主食。

多吃天然食物

婴幼儿期的宝宝正处在身体发育的旺盛阶段，所需要的营养很多，对食物的品质要求也较高。未经过人工处理的食物，营养成分保持得最好。尽量采用新鲜的当季食材，并用煮、蒸的做法，尽量避免煎、炸食物给宝宝吃。

经人工处理的食物会添加很多不确定的成分。代谢能力还比较弱的宝宝，如果吃了此类食物，由于无法将一些不利于健康的成分快速代谢出体外，就会对身体健康产生影响，甚至引发疾病。

辅食后期还是要少加盐和糖

这个阶段的宝宝肾脏还没有发育成熟，如果摄入盐分过多，身体没有能力排出多余的钠，就会损伤肾脏。而吃糖多会损害宝宝正在发育的牙齿，所以即便到了辅食添加后期，也要尽可能少加或不加盐和糖。

合理给宝宝吃点心

点心不能想吃就给，最好在两餐之间给宝宝少吃一些，否则会影响宝宝吃正餐。甜的点心容易导致蛀牙，所以吃点心后要教宝宝漱口或刷牙，注意清洁宝宝的牙齿。

一些造型圆润的布丁、软糖、坚果等点心，在宝宝吞咽时容易卡住咽喉而引起噎食。另外，要让宝宝专心吃饭，避免因哭闹或边吃边玩耍引起噎食。

五大食物群补足营养

宝宝正式进入一日三餐的时期，开始将辅食作为主食。这时需要提高进食量，并保证营养全面均衡，每一餐至少补充两种以上的营养群。

每天最好吃足五大食物群，至少也要保证 2~4 天吃全这五种。

五大食物群：

1. 谷类和薯类：米、面、杂粮、土豆、红薯、山药等。
2. 动物性食物：肉、鱼、鸡、鸭、蛋、奶等。
3. 豆类及其制品：大豆（黄豆）、蚕豆、绿豆等。
4. 蔬菜和水果：鲜豆、根茎、叶菜、茄果等。
5. 高油脂食物：炒菜油、动植物油脂等。

出现异常排便应暂停辅食

虽然宝宝在 10 个月后能用舌头和上颌捣碎食物后咽下，但是刚开始吃块状食物时，会出现消化不良的状况。如果发现宝宝的粪便里有未消化的食物，应暂缓添加块状辅食，先喂细碎食物，等到粪便无异常后再恢复添加进度。

养成良好的进餐习惯

快满周岁的宝宝，虽然还不能像成人那样熟练地咀嚼食物，但可以自己独立吃东西了。这个阶段是培养宝宝饮食习惯的关键时期，妈妈也不可大意，须随时留意宝宝的状态，即时纠正不良习惯。

1 按时进餐

宝宝的进餐次数、时间要有规律，到该吃饭的时间，就应喂他吃，吃得好时就应赞扬他。若宝宝不想吃，也不要强迫他吃，长期坚持下去，就能养成定时进餐的习惯。

2 避免挑食和偏食

每餐主食、鱼、肉、水果搭配好,鼓励宝宝多吃些种类，并且要细嚼慢咽，饭前不给吃零食，不喝水，以免影响食欲和消化能力。

3 培养饮食卫生

餐前都要引导宝宝洗手、洗脸，围上围嘴，培养宝宝爱清洁、讲卫生的习惯。吃饭时成人不要逗宝宝，不要分散宝宝的注意力，更不能让宝宝边吃边玩。

4 训练宝宝使用餐具

训练宝宝自己握奶瓶喝水、喝奶，自己用手拿饼干吃。训练宝宝用正确的握匙姿势盛饭，为以后独立进餐做好准备。

5 食补胜于药补

当宝宝缺乏营养素时，家长首先想到的就是给宝宝吃药。然而宝宝出现营养缺乏，应该是进食有问题。营养均衡绝不是靠吃药能补出来的，而是吃饭吃出来的。

后期添加辅食的食材

进入这个阶段，可以用来做辅食的食材更多了。食物的制作方法也有更多变化，以满足宝宝的口味与营养。下面是除了初期与中期的辅食食材，进入辅食后期还可以添加的主要食材。

面粉

面粉　10个月大的宝宝就可以喂食用面粉做的疙瘩汤。为避免过敏，过敏体质的宝宝应该在1岁后开始喂食。做成面条剪成3厘米大小放在海带汤里，宝宝很容易就会喜欢上它。

红豆　若宝宝胃肠功能较弱，则应在1岁以后喂食。一定要去除红豆难以消化的皮。可以和有助于消化的南瓜搭配食用。

西红柿　西红柿中含有维生素C和钙。但不要一次食用过多，以免便秘。可以和粥一起食用或当零食喂。

葡萄　富含维生素B_1和维生素B_2，还有铁，均有利于宝宝的成长发育。3岁以前不能直接喂食宝宝葡萄粒，应捣碎以后再用小匙喂给宝宝。

黄油　易敏儿应在其适应了牛奶后再行尝试添加黄油。购买时选用天然黄油，才不需担心摄入脂肪过多。选择白色无添加色素的。用黄油制作的辅食尤其适合体瘦或发育不良的宝宝。

面包　制作面包的原料里，鸡蛋、面粉、牛奶等易导致过敏，所以1岁前最好不要喂食。过敏体质的宝宝不宜食用。去掉边缘后烤熟再喂。不烤直接喂食容易使面包粘到上颌，不利于宝宝吞咽。

虾

富含蛋白质和钙，但容易引起过敏，所以越晚喂食越好。过敏体质的宝宝则至少1岁大以后喂食。去掉背部的腥线后洗净，煮熟、捣碎喂食。

猪肉

应在1岁后开始喂食油脂含量高的猪肉。它富含蛋白质、维生素B_1和矿物质。肉质鲜嫩，容易消化吸收。制作辅食时先选用里脊，后期再用猪腿肉。

鸡肉

有益于肌肉和大脑细胞的生长。可给1岁以后的宝宝喂食鸡的任意部位。但油脂较多的鸡翅尽量晚些添加。鸡肉去皮、脂肪、筋后切碎，加水煮熟后喂食。

牛肉

牛肉是肉类中蛋白质含量高，而脂肪含量低的食材。牛肉的蛋白质含量是猪肉的2倍，而且包括所有的必需氨基酸。牛肉中含有丰富的铁和锌，可以预防宝宝发生缺铁性贫血，提高宝宝的免疫力。

三文鱼

三文鱼是高蛋白、低热量的健康食物，含有多种维生素及钙、铁、锌、镁、磷等矿物质，并且还含有丰富的不饱和脂肪酸。在所有鱼类中，三文鱼所含的ω-3不饱和脂肪酸最多(每100克三文鱼约含27克)。营养学研究证明，ω-3不饱和脂肪酸能有效地降低高血压和心脏病的发病率，还对关节炎、乳腺癌等慢性病有益处，对儿童的生长发育有促进作用。

鹌鹑蛋黄

含有3倍于鸡蛋黄的维生素B_2，宝宝10个月大开始喂蛋黄，1岁以后再喂蛋白。若是过敏儿，则蛋黄也需等到1岁后再喂。煮熟后则较为容易分开蛋白和蛋黄。

1 岁后像大人一样吃饭

从宝宝 1 岁起，要根据每个宝宝的实际情况，为宝宝安排每日的饮食，让宝宝从规律的一日三餐中获取均衡的营养。让宝宝品尝多样化的食物，使营养更全面，培养宝宝的饮食习惯。

13～15个月的结束期喂养

进入结束期的信号

宝宝要求独立吃饭的欲望开始增强。宝宝自己用小匙放入嘴中的动作更轻松。抢走宝宝手中的小匙，宝宝会哭闹。这段时期要注意即使宝宝吃饭时很邋遢，还是要坚持让宝宝练习自己吃饭。

宝宝1岁后开始长白齿，可以咀嚼吞咽一般的食物。能消化类似熟胡萝卜硬度的食物。

尝试更多新的食物

随着消化系统的逐渐成熟，宝宝对食物的过敏反应开始消失，不能吃的食物越来越少。这个时期接触到的食物会影响宝宝一生的饮食习惯，要让宝宝尝试各类不同味道的食物。

从正餐中获取均衡营养

这个阶段宝宝与家人一起正常吃每日三餐的机会就逐渐增多了。要让宝宝从规律的一日三餐中获取均衡的营养，才能保证宝宝长得结实、健康。而且营养关系到大脑功能，营养不良会对宝宝智力发育产生无法弥补的影响。

营养搭配要适当

从宝宝1岁起，消化蛋白质的胃液已经充分发挥作用了，这个阶段可多吃一些富含蛋白质的食物，如肉、蛋、鱼、豆类及谷物类。不过蛋白质只是营养摄取的一部分，每天要保证摄入粗粮、蔬菜、瓜果类食物，提供多样化的平衡膳食。

1岁的宝宝，可以增加一些土豆、红薯等含糖较多的根茎类食物。还应吃一些粗纤维的食物，有利于通便。

每天的辅食结构

宝宝长到1岁，逐渐将辅食变成主食，每天的饮食过渡到以谷类、蔬菜、水果、肉蛋、豆类为主的混合饮食结构。白天以三顿正餐为主，上午、下午可以各喂1次点心。

这个阶段早晚还要喂配方奶。特别是已经断了母乳的宝宝，每天喝600毫升配方奶可以补充营养。

13～15个月宝宝一日食谱举例

早晨6点	母乳或配方奶200毫升
上午8点	蒸蛋羹
中午12点	菜粥、烂面、配菜，有荤有素
下午3点	胡萝卜泥、饼干或面包几片
下午5点	菜粥或米饭1碗(米100克)， 炒菜1份(肉、鱼25克，蔬菜150克)
晚上8点	母乳或配方奶200毫升

添加结束期辅食的方法

宝宝在此时仍然处在从乳类食物结构向普通食物结构转化的阶段，一定要让宝宝慢慢接受固体食物。虽然宝宝每日的食谱与成年人食物差别越来越小，但也要注意将辅食做得既营养又好消化。

将食物切碎后再喂

此阶段的宝宝乳牙还没有长齐，消化吸收功能未发育完全，虽然可以咀嚼一些成形的固体食物，但食物还要细、软。水果可以切成1厘米厚的棒状让宝宝自己拿着吃。肉类要切碎后，熟透再食用。葡萄等滑且易噎食的食物应捣碎后喂食。

即使宝宝已经能够熟练咀嚼和吞咽食物了，但还是要留心块状食物。能吃块状食物的宝宝很容易因误吞大块食物而导致窒息。

每顿120~180克

喂乳停止后主要依靠辅食来提供相应的营养成分。每天要保证一日三餐，而且要加量。每次吃一碗（婴儿用碗），即120~180克为宜。虽然每个宝宝的进食量有个体差异，但如果食量不增，就需要看是不是喝奶过多或没完全换乳导致的。

随着宝宝营养需求的增加，这段时期每天可以喂宝宝两次加餐，上午可以选用能产生饱腹感的红薯和土豆，下午可选用水果或奶制品。注意要适量，以免影响正餐。

蔬菜巧加工

食用深色带叶的蔬菜，洗干净后要用热水先把蔬菜烫熟软，然后再将蔬菜叶切细。

对于一些容易处理的蔬菜，如土豆、南瓜，可以先蒸熟，然后用匙子捣碎，平均分配后用保鲜膜包好，然后冷藏，每次食用时用微波炉解冻即可。

水果的吃法

宝宝1岁后，很多水果都可以吃了，但也要注意必须洗净去皮。带子儿的水果如西瓜、葡萄，要先除去子儿再喂给宝宝。对于咀嚼能力还不够好的宝宝来说，苹果会显得比较硬，要先切成薄片再让宝宝吃。

宝宝吃西红柿、胡萝卜、西瓜后，大便中会有些食物残渣，这并不是消化不良，无须担心。为了避免宝宝吃水果后出现皮肤瘙痒等过敏现象，有些水果在喂前可煮一煮，如菠萝、芒果等。

给宝宝补钙的关键阶段

1岁的宝宝处在骨骼和牙齿生长的重要阶段，而钙正是这阶段所必须补充的矿物质。这个月龄的宝宝每天应该喝400毫升以上的配方奶或母乳，因为乳制品是钙质的主要来源。此外，宝宝还要吃一些虾皮、紫菜、绿叶菜等食物，也能很好地补充钙质。

满周岁宝宝的奶粉喂养

宝宝满周岁时，基本能吃成人食物了。此时宝宝已结束了以喝奶粉、母乳为主的饮食生活，完成了换乳期的基本任务。但是，这并不意味着结束了换乳期就必须停止喂奶粉。

无须停喂配方奶

辅食中的鱼、肉、蛋类的食物可以补充宝宝身体发育所需的动物性蛋白质，但是对于不喜欢吃这些辅食的宝宝，就必须喝奶粉来补充营养。即使是结束了换乳期的宝宝，也可把配方奶作为动物性蛋白的来源，无须停止喂配方奶。

即便是过了1岁，也最好不要让宝宝喝牛奶。直到宝宝2岁时都应选择与母乳成分更相近的配方奶粉。

满周岁宝宝喝奶的量

宝宝过了1岁，虽然可以从换乳食物中获取营养，但是配方奶的营养补充也是很必要的。所以不要因为宝宝快满1岁就骤然减量，只给200毫升奶粉。从11个月到1周岁之间的宝宝，每天还需要喝600毫升左右的奶。

改掉喝夜奶的习惯

宝宝喝夜奶容易引发胃肠功能紊乱。喝配方奶的宝宝容易发生龋齿。晚上宝宝醒来要喝奶，有时是由于饿了，但多数情况是习惯造成的。首先白天要喂饱。晚上宝宝要吃母乳的话，先不要喂，哭闹时先哄着睡觉，或者可以用白开水代替，渐渐减少次数直到断掉夜奶。

让宝宝断奶的方法

断奶是一个自然而然的过程。宝宝通过断奶可以更加快速地成长，接触到更多的食物，营养更全面，所以断奶要循序渐进地进行。

断奶的时间选择

一般情况下 1~2 岁之间断奶是最合适的，这个时期宝宝会喜欢上很多食物，自然而然就不会只喝奶了。如果宝宝 1 岁后还离不开奶瓶，可以试着让宝宝吃一些放有奶粉的稀粥，让宝宝逐渐接受辅食。不过断奶时间也因人而异，即便到了 3 岁才断奶也没有问题。

换乳期长达 8~9 个月，从 6 个月至 1 岁半，甚至 2 岁才完成。宝宝的消化系统还没有成熟，吃其他的食物代替母乳，宝宝的免疫力可能就会下降，所以不要太早断奶。

增加配方奶与辅食的喂养

通过增加宝宝喝配方奶的次数，可以减少宝宝想喝母乳的欲望，并能补充宝宝所需营养，同时可以适当增加辅食的种类和每次喂食的量。新添加的辅食也会减少宝宝对于母乳的需求，同时也让宝宝的营养更全面。

白天可以带宝宝出去玩，妈妈不要陪在宝宝身边，外出时带一些食物，等到宝宝饿的时候就吃带的食物，让宝宝逐渐减少对于母乳的依赖。

不要突然断奶

即便是过了1岁半还没断奶，也不能突然停止哺乳。不要在没准备的情况下仓促断奶，或是妈妈和宝宝分离，这样会给宝宝心理造成不良的影响。如果宝宝白天不影响吃辅食，不断母乳也没关系。

断奶不要在天气炎热、寒冷及换季的时候进行，容易引起消化不良和肠胃疾病。另外，宝宝生病时体质弱、食欲降低，此时断奶宝宝难以适应。

合理控制宝宝零食

无论宝宝多爱吃零食，都要坚持正餐为主，零食为辅的原则。正确选择零食可以补充营养，否则就会影响食欲，破坏正常进餐。宝宝的零食最好选择水果、全麦饼干、面包等食品，并且经常更换口味，这样宝宝才爱吃。

注意在餐前1小时和睡前都不让宝宝吃零食，以免影响正餐或出现蛀牙。糖果、罐头等食品含糖量高、油脂多，不容易消化且会导致蛀牙，一定要少吃。

多样化饮食预防宝宝肥胖

这个阶段要预防宝宝肥胖，饮食要多样化，多吃五谷杂粮和蔬菜水果类的食物，合理烹饪，保证宝宝的营养全面。不正确的饮食行为会造成宝宝肥胖，如吃饭过快，偏食，常吃油炸食品、快餐和饮用含糖饮料。宝宝食谱中要减少热量高的食物，可以多安排粥、汤面等易消化的食物。

有些食物要少吃

宝宝长到 1 岁已经可以吃很多种类的食物，但是一些食物非常不利于宝宝的健康成长，家长一定要注意不要让这些影响健康的食物出现在宝宝的餐桌上。

少吃油炸类食品

经常食用高温油炸类食品会危及人体的健康。经高温油炸之后的食品，营养价值大幅度下降，过多食用油炸类食品还会使宝宝粪便变稠，对消化系统产生沉重负担。

肥胖的宝宝要少吃点心，尤其要少吃反式脂肪酸含量较高的点心，摄入过多的反式脂肪酸可使血液胆固醇增高，从而增加心血管疾病发生的风险。

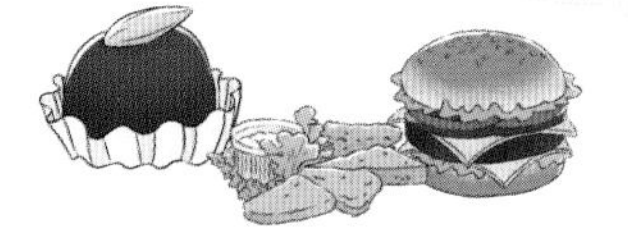

少吃甜食

吃太多甜食会引起肥胖症、龋病等疾病的发生。而且摄入过多糖类，体内代谢产物丙酮酸和乳酸增多，就必然要消耗体内的碱性物质——钙，这会严重影响宝宝的骨骼发育。

喝过多的甜饮料，会使宝宝血糖增高，饥饿感下降，易引起厌食、胃肠不适、腹泻等症状。饮料中都有食品添加剂。宝宝常喝饮料，非常不利于自身的生长发育，严重时甚至会引发疾病。

少吃腌制品

给宝宝准备食物时，要注意少吃腌制品、半成品熟食等，尽量给宝宝吃营养丰富、易消化吸收的新鲜食物，如鱼类，还有含维生素较多的蔬菜、水果，做辅食时多种类食物互相搭配，使营养更均衡。

少用调料

虽然宝宝 1 岁后可以使用适量盐、酱油等调料，但是很多食材本身就含有盐分和糖分，无须再调味。若是宝宝嫌食物无味，可以加少量调料来调味。给汤调味时可以用虾米或海带来提鲜。尽量不在辅食中加白糖，宝宝习惯甜味后很难戒掉。

宝宝到了 1 岁，虽然在饮食中可以添加盐，但是一定要注意盐的摄入量。摄入盐过量会导致宝宝长大后患高血压病，所以，要把食物做成淡淡的味道，保证宝宝的健康。

结束期辅食喂养要点

大多数 1 岁大的宝宝已经长了 6~8 颗牙，咀嚼的能力进一步加强，消化能力也好了很多，所以饮食方式上也可以有更多的变化。

可以把水果直接给宝宝吃，如苹果、香蕉等。让宝宝自己吃食物会给宝宝带来很大的乐趣，可以锻炼其咀嚼能力，促使宝宝乐于接受食物。

不要过早喂食成人饭菜

喂给宝宝吃的饭要软、汤要淡，菜也要不油腻，不能直接给宝宝吃成人的食物。如果时间有限，也可以在做成人饭菜时，没加调料之前，取出宝宝吃的量，并将食物弄成小块，以免噎着宝宝。

不必担心宝宝食量减少

即使食量好的宝宝，到了1岁时也会出现饭量减少、体重不增加的情况，这种食欲缺乏和生长缓慢，是骨骼和消化器官发育过程中出现的自然现象，一般无须担心，只需与错误的饮食习惯做区分即可。

要给宝宝自己选择食物的权力。强迫宝宝进食，会使用餐气氛紧张，影响宝宝的食欲，令他很厌烦吃饭，这样会直接影响宝宝的生长发育。

不要强迫宝宝吃米饭

在宝宝成长过程中，并不是只吃米饭的。米饭中的营养是可以从其他食物中摄取的，如糖可以从面食中获取，而动物性蛋白也比植物性蛋白更好。所以，只要宝宝精神好、身体健康，如果宝宝不喜欢吃米饭，可以不要强迫宝宝吃米饭。

此阶段应该把宝宝一直食用的粥改为米饭了，按照标准来说，宝宝每天应该吃三次米饭，每次食用儿童碗的一碗半。可是，很少有宝宝可以吃这么多米饭，所以，也可以用面食、肉类来补充其余的营养。

添加辅食要顺应宝宝的生长发育

给宝宝准备辅食时，可先做面糊、米粥等单一谷类食物，然后是蔬菜、水果，接着再添加豆类，最后是肉类、鱼类，这样的顺序符合宝宝消化系统功能发展的规律，让宝宝更容易适应并接受各种食物。

16 ~ 24 个月的正餐期喂养

进入正餐期的信号

虽然每个宝宝发育的情况和消化能力都不太一样，但大多数宝宝都可以在16 个月左右正常地消化软饭了，有些宝宝都能吃成人吃的米饭了，并且对由饭、菜、汤组成的成人饮食产生了浓厚的兴趣。

宝宝到 16 个月大后，肌肉愈加发达，对匙和叉的使用更加熟练。吃饭速度在不断提升。通常可以在父母的帮助下使用水杯喝水了。

这个阶段的辅食喂养

此时期要注意观察宝宝的饮食规律和食欲状况。16~24 个月的宝宝吃的食物多了起来，胃排空后的饥饿感是在饭后 4~6 小时产生的。每次吃的食物不要过于杂乱，否则会影响宝宝的食欲，妨碍其消化系统和神经系统的活动。

宝宝每天应食用主食 150 克左右，蔬菜、水果共150~250 克，肉类 40~50 克，豆制品 20~50 克，鸡蛋 1 个，再加 250~500 毫升的配方奶。

合理安排一日三餐一点

16~24个月的宝宝处在消化系统的发育阶段，每天安排三餐一点，可以满足宝宝的营养需要。下午可以适当加一次点心，但不能距离晚餐太近，否则会影响晚餐的进食量。

这个阶段，宝宝已经陆续长出近20颗乳牙，有了一定的咀嚼能力。在这一阶段断乳有利于建立宝宝适应生长发育的饮食习惯。

从正餐中获取均衡营养

给宝宝配餐时要注意食品多样化，谷、豆、肉、鱼、蔬、果、蛋、奶各类食品都要吃。除了注意多给宝宝吃蔬菜、水果外，还要让宝宝摄入适量动物、植物蛋白，可以给宝宝吃肉末、鱼丸、鸡蛋羹、豆腐等易消化的食物。

16～24个月宝宝一日食谱举例

早晨6点	250毫升配方奶，1个鸡蛋，50克小花卷，1小匙花生酱
上午8点	1片烤面包片或小饼干，1/2碗酸奶，1/2个香蕉
中午12点	1小碗米饭，炒肝片、胡萝卜片，鸡蛋或豆腐小白菜汤
下午3点	1/2杯配方奶或豆浆，50克面包，1/2个苹果
下午5点	1碗木耳、肉末、豆腐丁打卤面或50～100克羊肉胡萝卜馅包子或白菜鸡蛋馅水饺，1碗大米稀粥
入睡前半小时	1杯配方奶

保持食物的营养

婴幼儿是一个特殊的群体。因为他们正处于身体、脑部发育的关键时期，所以补充充足而合理的营养对他们来说至关重要。

这个阶段最好每餐能给宝宝单独做一道菜，并经常变换品种，注意食物的细、碎、软、烂，尤其是鱼、肉等动物性食物，注意应切碎煮烂。

保留营养的烹饪技巧

不要在此阶段给宝宝进食一般的家庭膳食，在食物的选择及烹调上仍应注意宝宝的饮食特点，给其容易消化且营养丰富的食物。越新鲜的蔬菜，维生素含量越高。蔬菜应先洗后切，现炒现吃。

1 淘洗米的技巧

淘米时不要用力搓，浸泡时间不宜过长，淘1~2次即可。不要在水下冲洗，也不宜浸泡，不宜用热水淘洗，不然会使大量维生素流失。

2 粥、饭的烹饪技巧

烹制米饭时，以蒸饭、焖饭为好，不要做捞饭。做米、粥、面食放水要适宜，不要丢掉米汤、面汤、水饺汤。熬粥不宜加碱，这样才能保留米中的营养成分。

3 避免油炸

食物不宜采用高温油炸的方法，油炸食品不仅不易消化吸收，而且维生素几乎全被破坏。

4 肉类、鱼类的烹饪技巧

肉类最好切成碎末、细丝或小薄片，急火快炒。大块肉、鱼应放入冷水内用微火煮和炖，烧熟煮透。骨头应拍碎，加少许醋，以利于钙的溶解。

粗粮不可少

各种粗粮不仅含有丰富的营养素，还含有大量膳食纤维，包括纤维素、果胶质等。植物纤维具有不可替代的平衡膳食、改善消化、吸收和排泄等重要生理功能，起着“体内清洁剂”的作用。

谷类富含营养

如果让宝宝多吃鱼、虾、肉、菜等，而不重视同样富含营养物质的谷类，摄入谷类不足，同样会导致宝宝营养失衡。人体所需的 70% 以上热量和 50% 的蛋白质都可以由谷类提供，其所含的 B 族维生素和矿物质比其他食物中所含的量多。

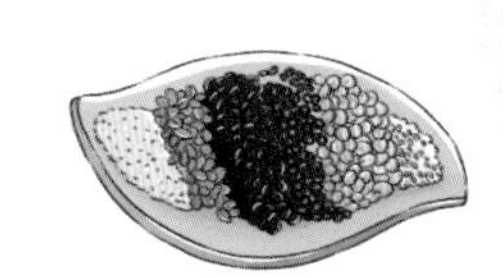

谷类里面含有 70%~80% 的碳水化合物，主要为淀粉多糖，是帮助人体消化、吸收的重要能源物质。还含有大量的 B 族维生素、蛋白质、矿物质。

适量添加粗粮

虽然宝宝在 12 月左右就可以开始吃粗粮了，不过由于宝宝的消化系统还没有发育成熟，所以，宝宝每天摄入的粗粮总量不宜超过当天摄入主食总量的 1/4。另外，宝宝吃粗粮后，会出现腹胀和过多排气等现象，这是正常的生理反应，等宝宝逐渐适应粗粮后，胃肠功能就会恢复正常。

给宝宝制作粗粮辅食时把粗粮磨成粉再熬粥，可以改善口感，提高人体对粗粮中营养的吸收率。玉米可以与黄豆、黑豆一起熬粥食用，有利于宝宝消化与吸收。

不适合宝宝吃的食物

此时宝宝开始学习吃成人的饮食，但如果采取“成人吃什么，宝宝就能吃什么”的观点来进行，则是错误的。

做辅食时，担心没有味道宝宝不喜欢吃，就添加刺激性调料，或者为了方便给宝宝吃半成品食品、汉堡、炸鸡或羊肉串等，都会危害宝宝的身体健康。

1 口味较重的调料

如沙茶酱、番茄酱、辣椒酱、芥末、味精，或者过多的糖等口味较重的调料，容易加重宝宝肾脏的负担，干扰身体对其他营养素的吸收。

2 质地坚硬的食物

如坚果类及爆米花等坚硬的食物，容易使宝宝呛到，尽量不要喂给宝宝这类食物。此外，纤维素多的食材，如菜梗或是筋较多的肉类，也要避免给宝宝食用。

3 生冷海鲜

如生鱼片、生蚝等海鲜，即使新鲜，但未经烹煮，很容易出现感染寄生虫及引发过敏等现象。

4 加工、腌制食品

火腿、熏肉、咸鱼等加工食品，含有较高的亚硝酸盐等化学物质。还有刚腌不久的蔬菜，如泡菜。长期食用这些食品有致癌的隐患。要尽量少给宝宝吃。

5 经过油炸的食物

油炸食物会破坏食物中的维生素等营养物质，降低食物的营养价值。食用大量的油炸食物会对宝宝的智力、身体发育产生很大的影响。过多地食用油炸食物会使宝宝摄取过多的热量，如果宝宝的运动量比较少，很容易导致宝宝肥胖，从而影响宝宝长高。

让宝宝自己动手吃饭

对于宝宝强烈的“自己动手”的愿望，父母是阻止还是鼓励，是决定宝宝未来吃饭能力的关键。只有父母先放开手，宝宝才有锻炼的机会。

父母不妨给宝宝一把小匙，让他在碗里捣食物，自己往嘴里送。即使食物掉的比吃到嘴里的多，但总会有一两口送到自己嘴里。这样练习自己动手吃饭，一般18个月以后宝宝就能独立吃饭了。

让宝宝知道吃饭是自己的事

不要让宝宝看出父母对自己的吃饭问题特别关注，当宝宝自己吃饭吃得不太好时，最好不动声色，父母不要因为宝宝一顿饭吃得少点儿就表现出焦急的样子。让宝宝明白，吃饭完全是他自己的事。

能自己吃饭后就不再喂饭

宝宝能独立地自己吃饭之后，有时他反而想让妈妈喂。这时，如果父母觉得反正宝宝会自己吃饭了，再喂一喂没有关系，那就很可能会前功尽弃。

宝宝碗里、盘子里的饭菜不要过多，温度适中，不要太热，防止烫伤宝宝，也不要太凉，太凉宝宝吃下去胃会不舒服。每次给宝宝添一种菜，吃完后，再添另一种，最好不要把几种菜混到一起，使宝宝吃不出味道，倒了胃口。

允许宝宝用手抓着吃

用手抓饭是宝宝发育过程中必经的过程，父母或家人不要干涉，尽量让宝宝自己动手。刚开始先让宝宝抓面包片、磨牙饼干，再把水果块、煮熟的蔬菜等放在他面前，让他抓着吃。一次少给他一点儿，防止他把所有的东西塞到嘴里。

让宝宝定时、定量进食

婴幼儿时期是建立和培养良好饮食习惯的关键时期，一旦形成不良的饮食习惯，再改正会非常困难。只有养成良好的饮食习惯，才会保证宝宝的进食量。

养成定时进餐的习惯

父母要合理控制宝宝每天的进餐次数、时间，让两者之间形成一定规律。到了吃饭的时间，就应让宝宝进食，但不必强迫他吃饭，当宝宝吃得好时就应表扬他，并要长期坚持这种定时吃饭的习惯。

调动宝宝用餐积极性

烹调时须注意食物的色、香、味俱全，可以调动宝宝用餐的积极性。尽量做到食物软、烂适宜，便于宝宝咀嚼和吞咽。还可以给宝宝买一些造型可爱的小餐具，宝宝会因喜欢使用这些餐具而积极进餐。

定量喂养须灵活掌握

定量饮食也要灵活掌握。有的父母会严格按照书上的标准，让宝宝吃饭，遇到宝宝不想吃饭的时候，父母也会千方百计地哄他把饭吃下去。这种做法是不可取的，父母要根据宝宝自身的情况而定，因为每个宝宝的发育情况、饮食量有所不同，不能一概而论。

很多家庭存在强迫喂养现象，且“定量强迫”显著高于“定时强迫”。宝宝偶尔食欲不佳是正常现象，如果过于强求定量的食物，会加重宝宝厌食的状态。

不要强迫宝宝丢下玩具去吃饭

宝宝不像成人有时间观念，肠胃尚未形成定时消化食物的习惯。要帮助宝宝建立在餐桌上进餐的习惯，禁止宝宝边吃边玩、边吃边看电视的行为。

注意不要在宝宝玩玩具时候追着他喂饭，宝宝在玩耍中被打断，会使他对吃饭感到厌恶。

做个不挑食的宝宝

16~18 个月大的宝宝，挑食现象很普遍，这是一种正常的阶段性现象。但如果不及时纠正这种现象，就会养成以后看到不喜欢的食物就干脆不吃或习惯性呕吐的坏习惯，引起宝宝营养不均衡。

经常请小朋友来家里吃饭，做些自己宝宝平时不喜欢吃的食物，宝宝都有从众心理，只要看见其他小朋友吃东西，他就会跟着一起吃。

和宝宝一起享受美食

平时大人要经常在宝宝面前吃一些宝宝不太爱吃的食物，并且在吃的过程中要表现出特别喜欢吃的样子，这样宝宝潜意识里会认为这些食物很好吃，因为爸爸妈妈都喜欢吃。长此以往，宝宝慢慢会喜欢上之前不喜欢的食物。

鼓励是好的开端

如果宝宝开始吃平时不喜欢吃的东西，父母要及时给予鼓励，让宝宝更好地坚持下去。另外，在宝宝的日常饮食中逐步地少量添加他不喜欢的食物，让宝宝自然而然地接受这些食物。

24～36个月的合理膳食

从饮食中摄取充足的营养

24~36个月的宝宝，已经长齐20颗乳牙。咀嚼能力大大增强，开始充分地体验到咀嚼的乐趣，喜欢吃干一些的食物，并且可以直接吃许多大人的食物了。不过36个月的幼儿的咀嚼能力只有成人的20%，在准备宝宝食物方面还需要给予特殊的照顾。

根据宝宝食量大小，每天安排三餐一点，以保证每天摄入足够的食物和营养。可以选用牛奶、酸奶、水果、营养饼干等作为点心，但应控制宝宝吃点心的时间和数量。避免影响正餐。

细嚼慢咽助消化

为了顺应宝宝饮食习惯的发展，要让宝宝多吃成形的食物，如面包、包子或水果等，减少细碎或流质食物。吃这些较干的食物时，必须让宝宝细嚼慢咽，而且要控制进食量，这样才有助于消化，并且也不会导致肥胖。

这个阶段仍要关注宝宝的饮食多样化，合理烹饪，多提供粗粮和蔬菜、水果，保证宝宝摄入的营养较全面。

合理安排正餐

此阶段的宝宝主食常为米粥、麦糊、软饭、面条、面包、馒头、包子、饺子、馄饨、豆浆等。大多数宝宝喜欢吃面食、米、麦片、小米、玉米、薯类，要注意这些食物应交替食用。

荤素搭配更营养

这个阶段饮食以菜、肉搭配为主，如菜肉末做成的丸子、嫩菜叶炒肉丁或虾仁，肉末蒸蛋等，还要多给宝宝食用豆制品和虾皮、紫菜、海带等富含铁、锌、钙的海产品。36个月的宝宝每天应进餐4次，两餐间隔时间约为4小时。

饮食要适应咀嚼能力

24个月后宝宝已长出约20颗乳牙，有了一定的咀嚼能力，将蔬菜、肉类等食物切成细丝、小片或小丁，既能满足宝宝的营养需要，又能适应宝宝的咀嚼能力。米饭、饺子等面食对宝宝来说都是适宜的。

饮食要满足每日热量需求

由于宝宝24个月后走路已经很轻松自如，行走的范围也在不断扩大，智力发展正处于非常关键的时期，所以这个阶段一定要给宝宝补充足够的营养和热量来满足宝宝生长发育的需求。宝宝每天所需热量为5040~6300千焦。

宝宝每天补充蛋白质4~50克、脂肪30~50克、牛奶400毫升、主食150~180克、水果150~200克、蔬菜200~250克。如果宝宝每次摄取食物的量达不到以上要求，而活动量又比较大，就需要在正餐之外再吃些饼干、水果等。

做个喜欢吃蔬菜的宝宝

大多数宝宝对某些蔬菜很抗拒，这时就需要父母循循善诱，在宝宝饮食习惯形成的关键期——12个月左右，让宝宝接受各种蔬菜。

1 告诉宝宝吃菜的好处

从宝宝的理解能力出发，用浅显的句子告诉宝宝，如多吃蔬菜就不生病了，不用打针了，也不用吃苦药了，还能长得高，变漂亮等，这样简单易懂的道理，宝宝比较容易接受。

2 成人要作榜样

要让宝宝喜欢吃蔬菜，首先成人要吃蔬菜。如果成人对蔬菜不感兴趣，只是劝宝宝吃蔬菜，也是徒劳。因此，父母和宝宝一起吃饭时，即便对于自己不怎么爱吃的菜，也要尽量多吃，边吃边称赞蔬菜好吃。

3 多改变蔬菜的做法

有精力的话，可尽量变着花样，创造机会让宝宝多摄入蔬菜。如把蔬菜包在饺子或包子里面，或做成蔬菜沙拉等。将各色的蔬菜搭配起来做出色彩鲜明的样子，能提高宝宝的食欲。

4 从兴趣入手

可通过让宝宝自己择菜、洗菜来提高他们对蔬菜的兴趣，如洗黄瓜、番茄或择豆角等。吃自己择过、洗过的蔬菜，宝宝一定会觉得很有趣。

用故事激发宝宝对蔬菜的兴趣

在给宝宝看故事书或动画片的时候，可以结合故事的情节来告诉宝宝吃蔬菜的好处。例如，大力水手吃菠菜才能变得更有力量，兔巴哥吃胡萝卜就可以变得很聪明，宝宝只要多吃蔬菜也会和他们一样。慢慢地，宝宝就会对吃蔬菜变得很有兴趣了。

养成细嚼慢咽的好习惯

很多宝宝吃饭时狼吞虎咽。导致这种情况发生的原因有很多，包括受成人影响、宝宝性子急、吃饭时间有限等。宝宝在吃饭时应该细嚼慢咽，因为饭菜在口里多嚼一嚼，能使唾液中的消化酶帮助人体将食物进行初步消化，减轻胃肠道的负担。

充分咀嚼食物还有利于宝宝颌骨的发育，可增加牙齿和牙周的抵抗力，并能增加宝宝的食欲。

坏习惯会导致营养不良

有的宝宝食用花卷、馒头等主食时，习惯用汤和着吃，减少咀嚼次数；有的宝宝吃饭时喜欢边吃饭边喝水。这些都会影响食物的消化和吸收。

好多宝宝急着吃完饭去玩，这时父母可以定一条用餐规矩，规定每个人用餐半小时内不许离开餐桌，这样宝宝即便吃完也脱不了身，也就不急着吞咽食物了。

营造轻松的用餐氛围

用餐期间父母尽量放松心情，营造一片温馨和谐的气氛，让宝宝由衷地喜欢餐桌上的气氛，宝宝会愿意在餐桌上长时间停留，不会为逃离餐桌而“狼吞虎咽”。

培养宝宝吃早餐的好习惯

早餐摄入的能量和营养素应该达到全天总摄入量的30%。特别是幼儿的上午活动量较多，如果早餐凑合吃两口甚至不吃，能量和营养素摄入不足，就会影响宝宝的生长发育。

吃早餐不仅能补充能量，通过咀嚼食物还能对大脑产生良性刺激。而且早上填饱肚子，宝宝能很好地控制一天的食欲，避免因饥饿导致吃过多零食或午餐而暴饮暴食。

稍推迟早餐时间

宝宝早晨起床马上吃早餐容易消化不良，应该在起床后20分钟左右再吃早餐。如果吃早餐时宝宝没有食欲，可稍微延后吃饭时间。另外，睡眠不足、晚餐吃得晚或太丰富，都会导致宝宝早晨起来后不觉得饿，给宝宝喝一杯水或果汁可以起到开胃的作用。

早餐一定要吃主食，否则缺少碳水化合物，蛋白质不能完全转化为热量，就会引起宝宝精力不足。

早餐要营养全面

早餐包括谷类、面类（可以选择其中一类）、奶类、动物性食物、豆类、蔬菜类、水果类这几大类食物，如果无法准备齐，也不要少于三类。

奶类	蛋白质、钙	牛奶、酸奶、豆奶等
谷类、面类	碳水化合物	麦片、面包、面条、粥等
动物性食物	蛋白质、脂肪	蛋类、肉类
蔬菜	维生素、矿物质	凉拌西红柿、黄瓜、海带等
豆类	蛋白质，钙、铁等矿物质	豆浆等豆制品
水果	维生素、膳食纤维	苹果块、梨块、葡萄等

过敏宝宝的健康饮食

引起食物过敏的主因

食物过敏是免疫系统对某一特定食物产生的一种不正常的免疫反应。常见的过敏原是一些大分子物质，如某种蛋白质和多肽等。未满 36 个月的宝宝，消化器官未发育成熟，分解蛋白质的能力差，因食物引起过敏的概率就会很大。

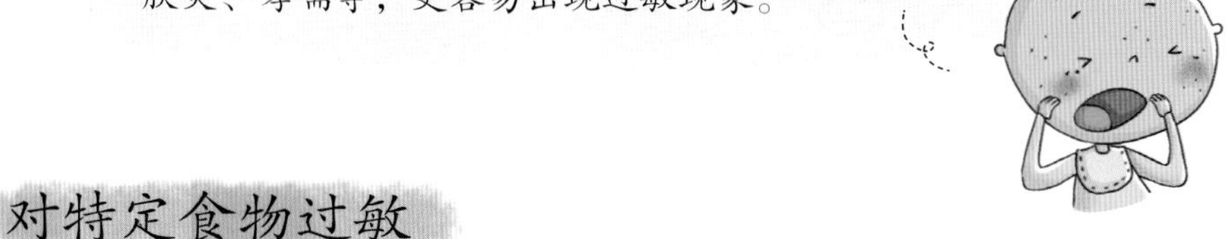

如果宝宝患有遗传性皮肤过敏症或过敏性皮肤炎、哮喘等，更容易出现过敏现象。

对特定食物过敏

一般由特定食物引起的过敏症状，暂停食用该种食物即可。观察几个月，若不严重的话，待宝宝长到 24 个月后，随着身体的免疫力有所提高，消化器官发育到与成人类似后，多数过敏症状会消失。

牛奶过敏症

很多宝宝喝牛奶就会腹泻，主要是因为乳糖不耐受。对牛奶过敏的宝宝，可停喂牛奶及其制品一段时间，改用深度水解蛋白配方奶，牛奶蛋白过敏常在宝宝 6~12 个月后消失。

容易引发过敏的食物

预防过敏需要了解一些容易引发宝宝过敏的食物，如鱼、虾、牛奶、鸡蛋清、蜂蜜、猕猴桃、草莓、桃子等。

遗传性过敏宝宝的饮食

开始添加辅食时应该谨慎减缓速度进行。一旦给宝宝添加新的辅食时出现了过敏反应，要马上停止食用这种新材料。因遗传性过敏生病的宝宝，一般都会伴随呕吐和腹泻的现象，此时需要立即去找儿科医生诊治。

加工食物时使用的防腐剂或者色素是导致遗传性过敏反应加重的主要因素。所以必须要控制饮食，避免喂给宝宝含有食品添加剂的加工食品、速冻食品或者快餐。

过敏宝宝辅食添加的进度

6个月	初期添加辅食应喂食磨好且筛过的稀米糊。若宝宝适应，可每间隔一天添加一种蔬菜于米糊里。
7个月	开始喂磨得颗粒大的黏稠米糊。可以放少量鸡肉或牛肉在宝宝爱吃的蔬菜里，如无异常反应可正式添加肉类以补铁。
8个月	开始喂食宝宝能感受到食物质感的稠粥，然后每隔一周添加一种新的食物。

过敏症宝宝的饮食原则

怀疑或确诊宝宝患有遗传性过敏症的话，最好在宝宝出生 6 个月后开始添加辅食，因为 6 个月之前宝宝体内还不能充分产生保护肝脏的免疫物质，因而更加容易引发过敏反应。

每次只用一种新材料

辅食添加一般从糊开始，添加食物时一次只加一种食物，且添加后要观察一周，如果没有异样再继续尝试添加另一种食物。辅食中期以后可以喂食的食物种类多起来，注意不能一次性喂食多种，否则很难找到过敏原。

患有遗传性过敏症的宝宝，如果吃后没有不良反应，可以在 10 个月大之后喂食生的蔬菜、水果。

灵活使用替代食物

如果完全避开某一种食物可能会引起营养不均衡，所以如果过敏不严重的话，可以寻找其他替代食物来喂食。

鸡蛋→ 豆腐、鸡肉、牛肉

牛奶→ 鸡蛋、豆类、海藻

牛肉→ 鸡蛋清、鲜鱼、鸡肉

鱼→ 豆制品、鸡蛋、牛肉、鸡肉

豆→ 鸡蛋、鸡肉、牛奶、紫菜、海带

面粉→ 米做的面包、粉丝、土豆

食用水果、蔬菜需要煮熟

食物中的蛋白质经过蒸、煮、焯等烹调方式处理以后成分会发生很大变化，不容易引起宝宝过敏。所以给宝宝吃的食物，包括水果、蔬菜等，最好都需要煮熟后再吃。

患病宝宝的健康饮食

腹泻宝宝的辅食喂养

宝宝腹泻的原因有很多种，可能是因为感冒，或是太早开始食用流食，或吃的食物太多了，也可能是因为食物过敏或细菌感染。如果宝宝粪便像水一样，或便中伴有黏液，必须尽早到医院治疗。

宝宝腹泻时可减少辅食的量或减少辅食的品种，给宝宝吃易消化和较清淡的辅食。配方奶可以稍加稀释。腹泻时可以在饭后30分钟适当喝儿童益生菌酸奶。

防止宝宝脱水

不管是疾病引起的腹泻，还是经常腹泻，都会让体内失去过多的水分。而且一天10次以上排水状的便会引起脱水症状，建议多喂宝宝大麦茶或稀糊状的食物来防止脱水。

喂食易消化的食物

当腹泻症状减轻且宝宝想吃东西时，可以做一些易消化的流食恢复胃口，如大米粥。腹泻症状缓解时可用红薯、香蕉或苹果等食物来做流食，有利于消化。

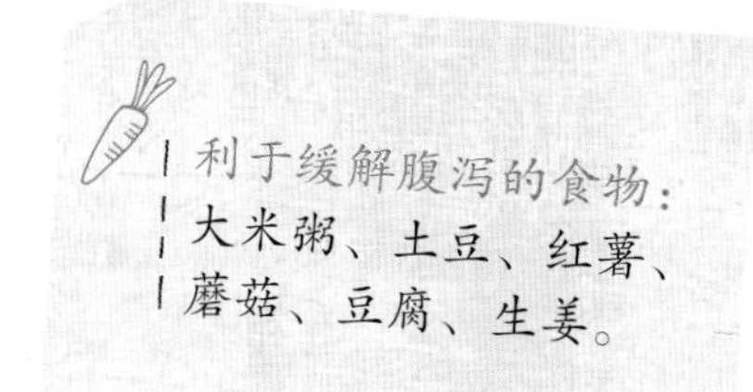

感冒宝宝的辅食喂养

宝宝最常患的疾病就是感冒。患感冒期间宝宝的消化能力会减弱，胃口不好，这期间要补充充足的水分和热量、蛋白质、维生素含量较高的食物。

添加辅食的注意事项

大多数患感冒的宝宝都不爱吃东西，所以每次只吃少量的高热量食物，并分多次食用。为了不刺激口腔，食物不要太烫，食物也要比平时切得细碎。如果宝宝有发热症状，但食欲仍然不错，也没有腹泻症状，就无须更换食物。

宝宝发热时体内的水分大量流失，体力消耗非常大，因此要多给宝宝食用能够补充热量和水分的辅食。除了母乳或配方奶外，也要经常给宝宝喂食烧开后凉凉的米汤等流质食物。

多摄入高蛋白质食物

宝宝患感冒后，活动量会减少，可体内又要合成大量抗病毒的免疫球蛋白，所以需要摄取充足的营养，如果吃得不好，就会分解宝宝肌肉中贮存的物质，损耗体力。

补充充足的维生素

维生素包括胡萝卜素、维生素 B_1、维生素 C 等，可以提高宝宝的免疫功能。可以根据宝宝的月龄来选择富含维生素的食物制作辅食。

富含胡萝卜素的食物：
胡萝卜、地瓜、菠菜、南瓜、菜花、番茄、黄瓜、芹菜。
富含维生素 B_1 的食物：
糙米、大麦、马铃薯、蔬菜、猪肉、鲜鱼、板栗。
富含维生素 C 的食物：
黄瓜、卷心菜、青椒、萝卜、菠菜、苹果、柿子、橘子。
富含蛋白质的食物：
豆腐、鲜鱼、鸡胸肉、牛肉、鸡蛋黄等。

便秘宝宝的辅食喂养

便秘不只是指排便次数减少，还包括大便干燥导致的排便困难、排便时有疼痛感、不愿排便的情况。

宝宝出现便秘的原因

一般母乳、配方奶喂养的宝宝更容易便秘。添加辅食后出现便秘，主要是由于宝宝偏食，进食量过少造成的，通常，只要改变一下饮食结构，多吃蔬菜、多喝水就能缓解。另外，要从3~4 个月的婴儿时期就有意识地训练宝宝定时排便。

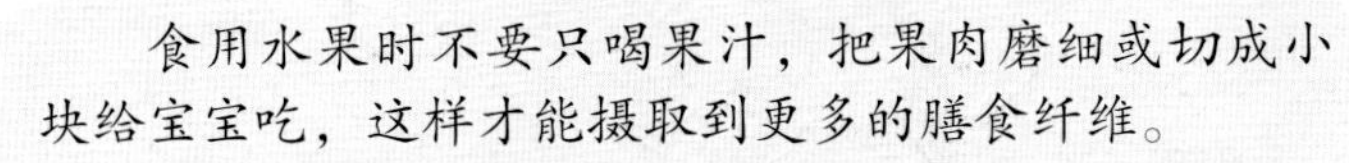

富含不溶性膳食纤维的食物：
红薯、燕麦片、菜花、豌豆、菠菜等蔬菜。
富含水溶性膳食纤维的食物：
苹果、海藻、燕麦、豆类等。
富含维生素 B_1 的食物：
芝麻、糙米、豆粉、豌豆、杂粮、西红柿等。
富含维生素 B_5 的食物：
谷类、鸡蛋、蘑菇、小麦胚芽等。

多吃富含膳食纤维的食物

肠道蠕动能力下降而引起的常规性便秘，要从蔬菜和谷类中摄取大量不溶性膳食纤维。大便一块块断裂的痉挛性便秘，应多吃水果、海藻，充分摄取水溶性膳食纤维。

多吃蔬菜、水果预防便秘

如果食物中蛋白质含量过多，纤维素含量过少，肠道缺乏刺激，宝宝就不易产生便意。每天蔬菜、水果的进食总量与肉的比例应为 3:1。如果宝宝不爱吃蔬菜，妈妈可把蔬菜切碎与肉末一起做成馅料，也可以用蔬菜煮粥或面片，增加蔬菜的进食量。

让宝宝越吃越健康

提高宝宝的免疫力

宝宝出生免疫力很弱，6个月后宝宝自己的免疫系统开始发育，到1岁时宝宝自身抵抗力水平相当于成人的60%，到3岁时相当于成人的80%。因此0~36个月的宝宝处于免疫力较低的危险期。

如果宝宝常感冒，就与自身的免疫力有关。除了注意宝宝的衣着是否保暖、卫生习惯是否良好外，更应注意宝宝是否很少吃蔬菜、水果，而零食、炸鸡等速食吃得太多。

营养不良造成免疫力低

营养不良及不均衡时，整个免疫系统的功能会衰弱，增加病原体入侵成功的概率。一旦细菌或病毒刚侵入人体时无法被即时控制或消灭，就会导致细菌或病毒大量繁殖。因此营养不良的宝宝不但容易感冒，也容易腹泻。

平时鼓励宝宝多到户外去活动，多呼吸新鲜空气。每天避开紫外线最强的时间段，让宝宝晒一会儿太阳，可以增强宝宝的免疫力。

提高免疫力的饮食

提高免疫力不可或缺的营养素来源于：全谷类食品、新鲜蔬菜、水果及豆制品，适量的奶、蛋、鱼肉、瘦肉，要保证宝宝定量进食这些食物。

提高宝宝免疫力的食物：
菠菜、马铃薯、山药、白萝卜、南瓜、冬菇、番茄、莲藕、苹果、葡萄、香蕉、梨、草莓、西瓜、鸡蛋、牛肉、虾、猪肉、鳕鱼、海带、奶酪、红豆、绿豆。

促进宝宝的大脑发育

辅食期是决定宝宝大脑发育的重要阶段，一定要保证均衡的饮食与科学的食用方法，而且食用辅食本身就起着一种刺激大脑、促进脑细胞活动的作用。

促进大脑发育的食物：
燕麦、大豆、冬菇、鸡蛋、芝麻、核桃、金枪鱼、黑木耳等。

饮食影响大脑发育

在宝宝出生后一年内大脑的发育是最快的，大脑不断地需要吸收各种帮助大脑发育的营养素，特别是ARA和DHA，这些营养元素对宝宝脑部和视觉发育非常重要。

让宝宝可以充分咀嚼

不建议食用鲜食制品或市面上销售的成品辅食的原因之一就是咀嚼问题。毕竟宝宝牙齿还没有完全长齐，虽然只能用舌头或腭部将食物抿碎，用门牙来咀嚼，但这样的咀嚼练习对大脑的发育有非常重要的刺激作用。

让宝宝品尝多种味道

对于一直吃母乳或配方奶的宝宝来说，尝试每一种辅食都是一种全新体验。稍微有些不同的味道、食物的香气和质感，都会促进宝宝感觉器官的发育。

让宝宝吃饭时多用舌头

辅食一定要盛在小匙里食用，用小匙吃辅食时，宝宝可以在用舌头聚集、碾碎食物的过程中吞咽食物。像这样，舌头运动得越多，大脑发育也会越快，而且宝宝在出生 8 个月后就可以自己拿小匙了，所以要让宝宝经常使用小匙。

虽然宝宝使用小匙不够熟练，但是通过向食物伸手，用小匙盛放食物，将小匙放到嘴里这样的过程就能够使大脑的发育非常活跃。

多元化的培养最有效

看、触、嗅、尝的过程中，宝宝的认知能力和记忆力也都在快速发展，因此食用的食物种类越多，相应的大脑刺激要素就越多。

将土豆和红薯的味道和颜色联系起来，虽然质地接近，但通过味道的差异，可以使宝宝轻松区别土豆和红薯。

Tips

一定要给宝宝吃早餐

一定要给宝宝吃早餐。早餐是为一天的活动提供必需营养素的重要能量来源。只要养成吃早餐的好习惯，宝宝一整天都会精力充沛，从而促进大脑的灵活运转。

促进宝宝长高

婴儿期的生长通常不受遗传影响，营养才是影响宝宝生长的关键因素。婴儿在8个月后逐渐向儿童期过渡，此时营养不足就会影响宝宝身高。所以，婴儿期的营养非常重要。

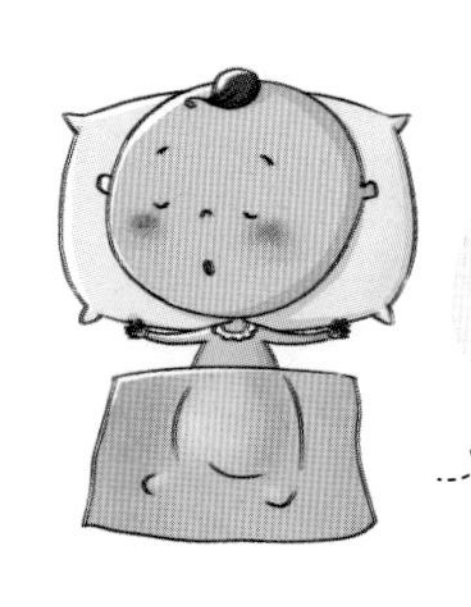

睡眠也直接影响婴幼儿身高。晚上10点至次日凌晨2点是生长激素分泌的高峰期，10点之前睡着并持续安稳的睡眠是非常重要的。

食物多样化有利于长高

年龄越小，生长受营养的影响越大，尤其是两岁以下的宝宝。如果婴儿期食物品种过于单调，到了儿童期，出现偏食、挑食的概率将会大大增加。所以，食物要尽量多样化，尤其在婴幼儿期，尽量接触丰富多样的食物。

影响身高的营养素

富含蛋白质、维生素的食物能促进宝宝长高，如瘦肉、鱼类、蛋类、牛奶、大豆及蔬菜、水果等。构成骨骼的基本元素是钙、镁等矿物质，因此要多摄入牛奶、鱼类等食物。

有利于长高的食物：
牛奶、鸡蛋、黑豆、菠菜、橘子、胡萝卜、沙丁鱼、虾等。

宝宝长高的饮食禁忌

宝宝平时要少喝果汁、可乐等含糖分较多的饮品，因为过多糖分会阻碍钙质的吸收，从而影响骨骼的发育。盐也是长高的禁忌。平时就要养成少吃盐的习惯。注意加工食物的方式，摄入较多高磷类食品会导致宝宝体内钙、镁等矿物质的流失，影响到身体内钙的吸收以及骨骼的发育。

辅食期宝宝营养餐

科学地辅食添加不仅可以补充宝宝身体所需的营养，还能培养宝宝的咀嚼、吞咽能力。在让宝宝尝到各种各样味道的同时，锻炼宝宝的自理能力，使宝宝形成良好的饮食习惯。

10倍粥

大米 1/2 杯
清水适量

1. 把大米淘好后，在水里浸泡 1 个小时左右。
2. 1 份米兑 10 份水，用大火煮，煮沸后把火关小，煮至米烂。
3. 关火，闷 10 分钟左右，用小匙将粥搅拌均匀即可。

香蕉糊

香蕉 1 根
水适量

1. 香蕉剥皮后捣成泥（把香蕉两端切掉，使用中间部分）。
2. 将香蕉泥放入锅中，加适量水，用大火边煮边搅拌均匀。
3. 沸腾后把火调小，熄火后用漏匙将香蕉糊过滤一下。

苹果粥

苹果 1/3 个
水 1/2 杯

1. 将苹果洗净，去皮核，放入榨汁机中榨成苹果汁。
2. 倒入与苹果汁等量的水加以稀释。
3. 将稀释后的苹果汁放入锅内，再用小火煮一会儿即可。

鳕鱼粥

鳕鱼泥 10 克

已泡好的大米 20 克

水 1/2 杯

1. 将已泡好的大米打成粉末状，备用。
2. 将大米粉末和鳕鱼泥放入锅中，添水后用大火煮。
3. 当水沸腾时把火调小煮到大米粉末和鳕鱼泥熟透为止。

蛋黄豆腐羹

嫩豆腐 50 克
蛋黄 1 个
香油少许
水 1/3 杯

1. 将蛋黄放入碗中打成糊状，豆腐放入研磨器中研成泥状。
2. 将蛋黄和豆腐混合均匀后，加 1/3 杯水搅拌均匀。
3. 将蛋黄豆腐糊放入蒸锅中蒸 10 分钟，出锅后滴入少许香油即可。

香菇鸡肉羹

泡好的大米 30 克
鸡胸肉 20 克
香菇 2 朵
青菜 2 棵

1. 将已泡好的大米淘净，蒸熟。
2. 香菇用温水泡软切开，鸡胸肉剁成泥状，青菜切碎。
3. 把大米饭、香菇、鸡胸肉泥和水放锅里用大火煮成粥。
4. 待粥熟后再放入碎青菜，继续煮至青菜熟软即可。

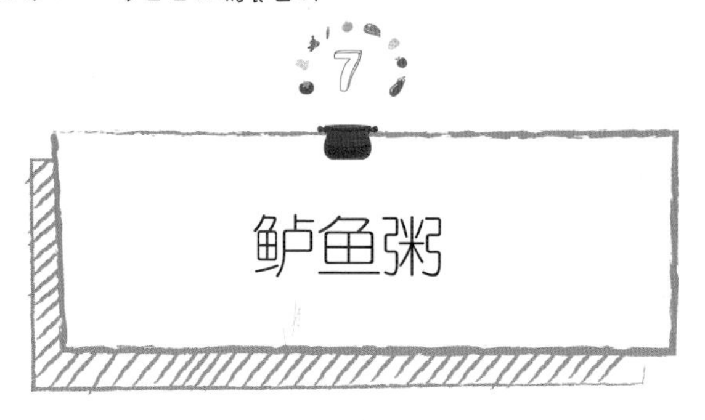

鲈鱼粥

鲈鱼肉 20 克
大米 20 克
水适量

1. 将鲈鱼刮鳞，去鳃，除去内脏，冲洗干净，抹干水分。
2. 卸下两面鱼肉，剔去鱼皮，切碎成泥，放入碗内。
3. 大米淘洗干净，浸泡 1 个小时，用粉末机打成粉末状。
4. 锅内放入清水和大米粉末，当水沸腾时，加入鲈鱼泥煮沸即可。

鸡肉烩南瓜

鸡肉 25 克
南瓜 50 克
小鱼干高汤 1/4 杯
水淀粉 1 大匙

1. 将鸡肉洗净后切碎放入碗中，备用。
2. 南瓜洗净，去皮后切成小丁。
3. 鸡肉碎、南瓜丁与小鱼干高汤一起放入锅中，用小火煮至微软。
4. 最后慢慢淋入水淀粉，勾芡至汤汁稍微浓稠即可。

紫菜汤

烤紫菜片 10 克
水 1 杯

1. 在锅内放入水，用中火煮。
2. 将烤紫菜片揉碎加入水中，继续用小火煮一会儿即可。

南瓜浓汤

10 倍粥 1/2 碗
南瓜 20 克
水 1/4 杯
奶粉适量

1. 将南瓜去皮，去瓤。
2. 将南瓜放入耐热容器，加入少量水。覆盖保鲜膜后，用微波炉加热 2 分钟后捣成泥。
3. 锅内倒入 10 倍粥和水，加入南瓜泥，用中火煮。
4. 当水沸腾时调成小火，加入奶粉用小火继续煮一会儿，边煮边搅拌均匀。

地瓜泥

地瓜 20 克

苹果酱 1/2 小匙

凉开水少量

1. 地瓜削皮后用锅蒸软，再用匙子将地瓜捣成泥。
2. 地瓜泥中加苹果酱和凉开水稀释。
3. 将稀释过的地瓜泥放入锅内，再用小火煮一会儿即可。

香蕉地瓜粥

香蕉 20 克
地瓜 1 根
泡好的大米 20 克
水 3/4 杯

1. 将已泡好的大米研磨成末状。
2. 香蕉剥皮后捣碎，把香蕉的两端切掉，只使用中间部分。
3. 地瓜蒸熟去皮后，趁热捣成泥。
4. 把大米末、香蕉泥、地瓜泥放入锅中，加水用大火煮，边煮边搅拌均匀，直至大米熟为止，熄火后用滤勺过滤一下。

鲜奶鱼丁

净鱼肉 50 克
橄榄油少许
水淀粉适量、奶粉适量

1. 将净鱼肉洗净，制成鱼蓉，放入适量的水淀粉，然后搅拌均匀。上劲后，放入盆中上笼蒸熟，取出后切成丁状待用。

2. 锅内加少许清水及冲调好的奶粉，烧开后放入鱼丁，继续煮一会儿用水淀粉勾芡，淋少许橄榄油即可。

14

菠菜土豆牛肉末粥

大米 20 克
菠菜 15 克
土豆 10 克
熟牛肉末 10 克
水 2/3 杯

1. 将已泡好的大米用粉末机打成末状。
2. 土豆洗净后削皮，切成小块煮熟，趁热捣成土豆泥。
3. 洗净菠菜后，取嫩叶部位用沸水焯一下，再用凉水洗一遍，后切成碎末。
4. 将大米末、土豆泥放入锅里用大火煮。
5. 水沸腾时把火调小，再把熟牛肉末、菠菜碎末放入锅里，用小火煮一会儿即可。

橙味鳕鱼肉

鳕鱼 50 克
橙汁 20 克
水适量

1. 将 50 克鳕鱼置于开水中煮软，去皮及鱼骨后捣烂，备用。
2. 将准备好的橙汁及水一同倒入锅中，并加入鳕鱼肉，用小火煮至鳕鱼肉熟透，汤汁呈黏稠状时即可。

芋头粥

芋头 20 克
5 倍粥 1/2 碗

1. 将芋头洗净去皮，大火炖。
2. 用匙子的背部把熟芋头碾碎。
3. 将碾碎的芋头与 5 倍粥一同混合入锅内，用小火煮一会儿，边煮边搅拌均匀，待粥熟透后即可。

乌龙面糊

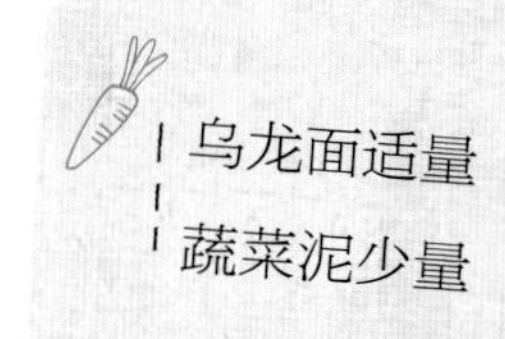

乌龙面适量

蔬菜泥少量

1. 将乌龙面倒入沸水中煮至熟软时捞起，备用。
2. 将煮熟的乌龙面与适量水同时倒入小锅内捣成泥状，煮开。
3. 起锅后加入少量蔬菜泥混匀即可。

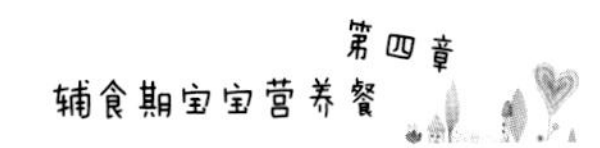

18 蛋花鱼

鱼泥 25 克
鸡蛋 1 个

1. 将鱼蒸熟后刮取鱼泥（注意剔除鱼刺）。
2. 鸡蛋煮熟，去壳，取蛋黄压成泥状。
3. 坐锅点火，锅内加入清水，然后加入煨好的鱼泥、蛋黄泥，再用小火煮一会儿即可。

豌豆稀饭

豌豆2大匙
软米饭1/2碗
鱼汤1/2杯

1. 豌豆洗净，放入滚水中烫至熟透，捞出沥干水分后挑除硬皮。
2. 将软米饭、去皮豌豆与鱼汤放入锅中，用小火煮至汤汁收干一半即可。

大米肉菜粥

猪肉末 25 克
大米饭 50 克
白菜末 25 克
香油适量

1. 将大米饭、猪肉末及清水放入锅内，置大火上烧沸，转小火，煮至将熟时，加入白菜末，再煮 10 分钟左右。
2. 将粥熬至黏稠时，加入香油调匀，盛入碗内，稍凉即可喂食。

橙汁南瓜羹

南瓜 10 克

橙汁 2 大匙

1. 将南瓜剔子去瓤，放入蒸锅中蒸熟。
2. 将蒸熟的南瓜去皮，趁热碾成泥状。
3. 将南瓜泥和橙汁放入锅内煮开即可。

蛋饺

鸡蛋 1 个
鸡肉末 1 大匙
青菜末 1 大匙
植物油少许

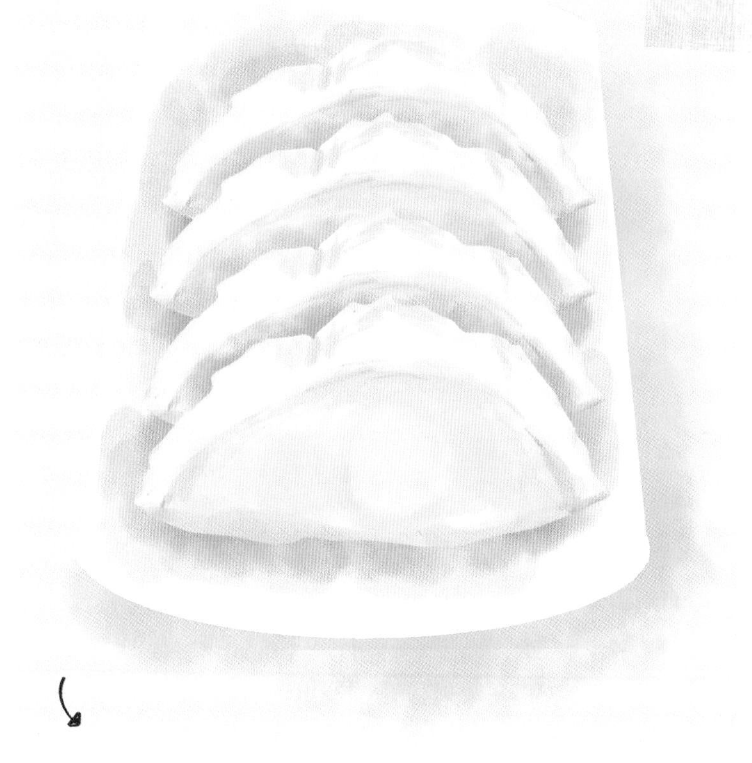

1. 在平底锅内放少许植物油，油热后，把鸡肉末和青菜末放入锅内炒，炒熟后盛入盘中。
2. 将鸡蛋打成蛋液，然后倒入油锅里摊成圆片状蛋饼，将炒好的鸡肉末和青菜末倒在蛋饼的一侧，将另一侧折叠与放馅料的一侧重合，即成蛋饺。

23

香甜水果粥

苹果 2 个

梨 2 个

已泡好的大米 50 克

1. 将已泡好的大米洗干净，熬成粥。
2. 将苹果、梨洗干净去掉皮且切成小丁，然后将苹果丁、梨丁一起加入粥内，煮开后盛出，稍稍冷却之后即可喂食。

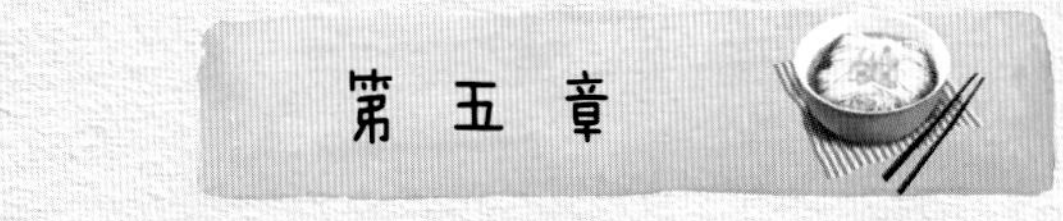

幼儿期宝宝营养餐

宝宝的口味与需求的营养更丰富。辅食的做法及食材选择也越来越接近成人，但在日常饮食中还要注意宝宝的饮食健康，口味要清淡，营养搭配要均衡，以免造成消化不良或者肥胖。

荷包蛋

鸡蛋1个
肉汤1小碗
芹菜末少许

1. 把肉汤倒入锅中加热至开锅，再将火关小。
2. 把鸡蛋整个打入肉汤中，煮熟，撒上少许芹菜末即可。

龙须面

龙须面 1 小把
虾仁 20 克
青菜 2 棵
葱适量
香油适量

1. 青菜切碎，葱切成末，虾仁切成小颗粒，备用。
2. 油锅热后，放入葱末炒入味。
3. 加适量清水（肉汤更佳）入锅中，并放入虾仁和碎青菜，水开后下龙须面。面熟后，滴入几滴香油即可出锅。

肉末烩小水萝卜

瘦猪肉 100 克
小水萝卜 100 克
植物油 1 小匙
青蒜少许
水淀粉少许

1. 将瘦猪肉剁成碎末；小水萝卜洗净，切成 1 厘米见方的丁，用开水稍微烫一下。
2. 将植物油放入锅内，热后先煸瘦猪肉末，投入小水萝卜丁炒匀，加水烧开，煮熟后放入青蒜，用水淀粉勾芡即可。

蝴蝶卷

面粉 40 克

豆沙馅、酵母、红果酱各 10 克

碱面液、青红丝各少许

1. 将面粉放入盆内，加酵母、温水和成面团，待酵面发起，加入碱面液，揉匀，稍饧。
2. 将面团擀成长度不限的长方形片，以面片中心为界，上下分别抹上薄厚均匀的豆沙馅和红果酱，然后上下相对卷起，翻个儿，稍加整理，撒上青红丝成坯。
3. 面坯摆入屉内，蒸 2 分钟即熟，出屉切成块装盘即可。

菜香煎饼

油菜30克
胡萝卜10克
低筋面粉20克
蛋清10克
植物油1小匙

1. 油菜、胡萝卜洗净后切成小块。
2. 将低筋面粉加入蛋清及少量的水，搅拌均匀，再放入油菜块及胡萝卜块搅拌一下。
3. 植物油倒入锅中烧热，倒入蔬菜面糊煎至熟即可。

软煎鸡肝

鸡肝 200 克
盐适量
面粉适量
蛋黄液一个

1. 将鸡肝清洗干净，切成片。
2. 将鸡肝裹上面粉、蛋清液，并撒上盐搅匀。
3. 锅中放入油烧热，放入鸡肝煎至两面呈金黄色即可喂食。

肉末软米饭

大米50克

茄子20克

芹菜50克

瘦猪肉末20克

植物油5克

酱油5克

葱、姜适量。

1. 将大米淘洗干净，放入小盆内，加入清水，上笼蒸成软米饭，备用。
2. 将茄子、芹菜择洗干净，切成末。
3. 将植物油倒入锅内，下入瘦猪肉末炒散，加入葱、姜、酱油搅炒均匀，加入茄子末、芹菜末煸炒断生，加少许水，放入软米饭，混合后，尝好味，稍焖一下出锅即可。

葡萄丝糕

面粉 200 克
酵母 30 克
葡萄干、
金糕丁、
青红丝、
桂花、
白糖、
淀粉各适量

1. 将面粉、酵母放入盆内，用温水和成面团发酵。
2. 将淀粉倒入已经发酵的面团内，调成稠粥状，加白糖、桂花、葡萄干调均匀。
3. 屉内放木框，铺上屉布，将果料软糊倒入框内，撒上金糕丁、青红丝，大火蒸 30 分钟，下屉，凉温切成菱形块即可。

芝麻面包

糙米面包 30 克
儿童黄油 4 克
白糖 2 克
芝麻 2 克

1. 将糙米面包烤熟。
2. 涂上儿童黄油，将芝麻和白糖混合后也涂在面包上。

松仁豆腐羹

豆腐1块
松仁、
盐各少许

1. 将豆腐划成薄片，放置盘中，撒上少许盐，上锅蒸熟。
2. 将松仁洗净，用微波炉烤至变黄，撒在豆腐上即可。

琵琶豆腐

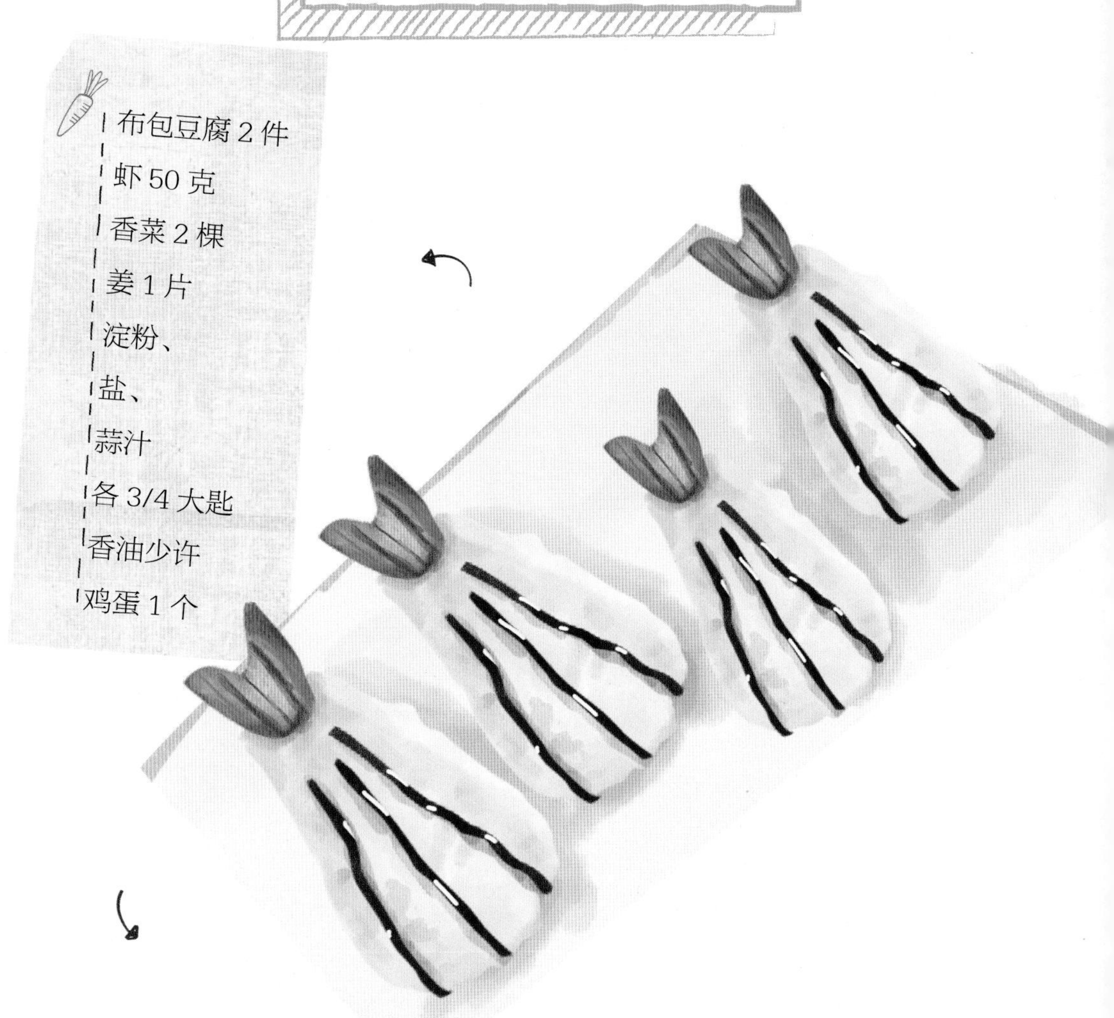

布包豆腐2件
虾50克
香菜2棵
姜1片
淀粉、
盐、
蒜汁
各3/4大匙
香油少许
鸡蛋1个

1. 豆腐冲净淋干，鸡蛋打散成蛋液。
2. 虾去壳去肠，用盐搓洗干净，沥干，拍烂，搅匀，加豆腐及调味料再拌匀，隔水蒸5分钟，凝固后，用小刀取出。
3. 在豆腐上撒少许淀粉，蘸上蛋液，放入滚油中炸至微黄色盛起，沥油；烧热锅，下油1小匙爆香，加入芡汁料煮滚，淋在琵琶豆腐上，再伴以香菜即可。

豌豆蛋炒饭

豌豆 20 粒
软米饭 1 碗
胡萝卜丁、
猪肉丝各适量
鸡蛋 2 个
盐、
水淀粉少许

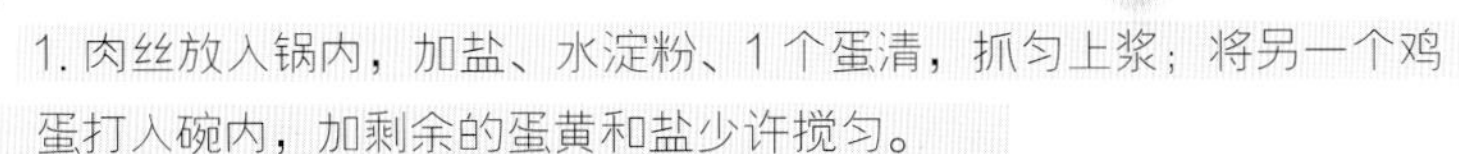

1. 肉丝放入锅内，加盐、水淀粉、1 个蛋清，抓匀上浆；将另一个鸡蛋打入碗内，加剩余的蛋黄和盐少许搅匀。
2. 炒锅上火，放油烧至四成热，下肉丝滑散捞出。
3. 炒锅置于火上，放少许油，下肉丝滑、蛋液、豌豆、胡萝卜丁，大火翻炒均匀，倒入软米饭拌匀，盛入盘内即可。

花生酱蛋挞

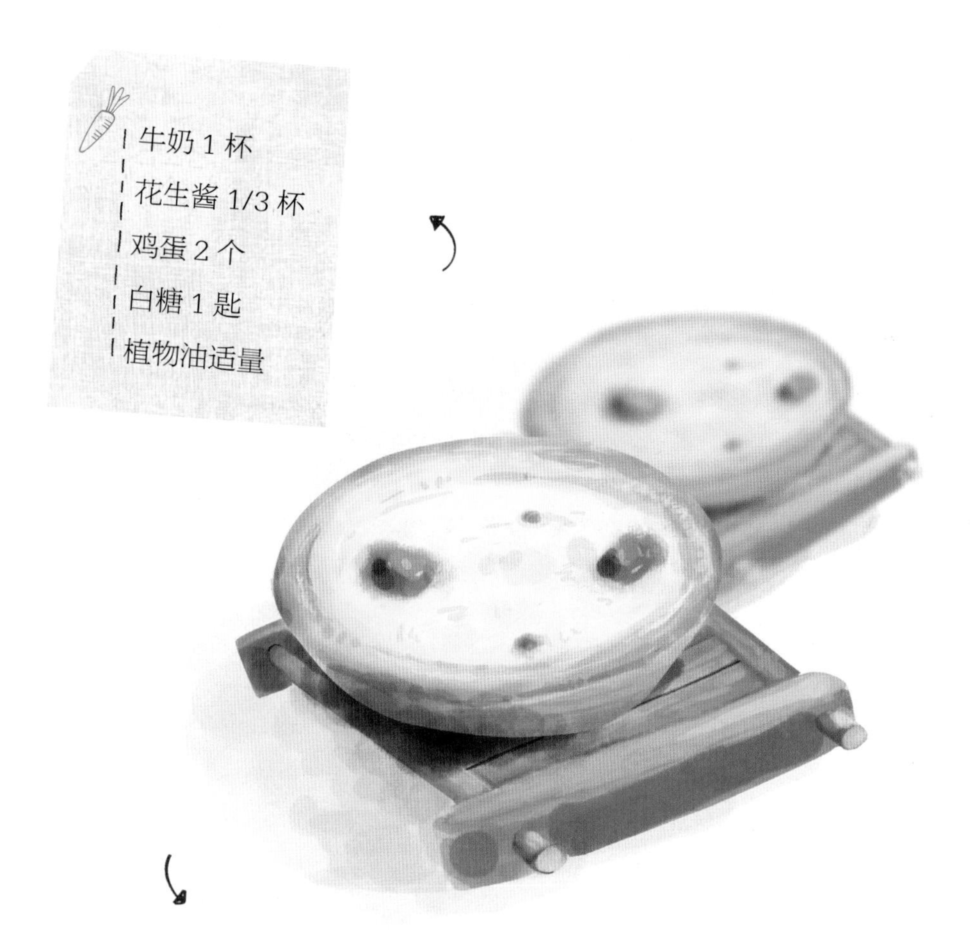

牛奶1杯
花生酱1/3杯
鸡蛋2个
白糖1匙
植物油适量

1. 将牛奶与花生酱混合，拌匀；将鸡蛋打入碗中，打散搅匀；在牛奶、花生酱中加入白糖、鸡蛋液拌匀，备用。

2. 将小蒸杯内层涂一层植物油，倒入牛奶、鸡蛋液、花生酱的混合液，放入锅中，蒸约15分钟即可。

木瓜炖鱼

- 青木瓜 1/2 个
- 鲢鱼 1 尾
- 水 4 碗
- 盐 1 小匙

1. 青木瓜洗净，鲢鱼去除内脏后洗净，备用。
2. 木瓜切块，再放入水中熬汤，先以大火煮滚，再转小火炖约30分钟。
3. 再将鲢鱼切块，与木瓜一起煮至熟，出锅前加入盐即可。

甜椒鱼丝

青鱼 100 克
植物油 1 小匙
甜椒适量

1. 青鱼洗净切丝，甜椒切丝。
2. 锅里蘸点儿植物油，把加工好的青鱼丝和甜椒丝放锅里翻炒至熟。

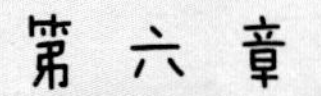

吃对食物，宝宝更健康

为宝宝添加的食物不是根据父母的喜好来选择的，要科学、理性地选择适合宝宝生长发育的食材，宝宝在各个阶段吃的食物是不一样的，尝试添加每一种食物也要循序渐进，如果宝宝不喜欢吃某种食物也不要着急，可以换一种做法，或过段时间再试一下，不要强迫宝宝进食，让宝宝吃得健康，还要吃得开心。

菠菜

食材解读

菠菜具有丰富的铁、钙和纤维物质，是宝宝理想的营养食物。菠菜还含有多种维生素，尤其是维生素 A 的含量较多，另外草酸、苹果酸、柠檬酸等有机酸的含量比其他的蔬菜也丰富。具有皂角苷和良质的纤维素，能刺激肠胃、胰腺的功能，既助消化，又润肠道，有利于粪便的顺利排出。

健康提示

绿叶蔬菜是否新鲜，在很大程度上会影响它的味道和营养价值，因此要选择颜色深绿且有光泽的叶片，叶片充分舒展且水分充足的菠菜。为了防止其干燥，应该用湿纸包好装入塑料袋或用保鲜膜包好放在冰箱里。

专家指点

宝宝生长速度快易导致营养缺乏。菠菜所含的钙、铁等，有助于宝宝身体的新陈代谢及促进脂肪、蛋白质与碳水化合物的吸收，也是构成红细胞中的血红蛋白的成分。菠菜还有促进细胞增殖的作用，能增加大脑功能的发育。

菠菜洋葱牛奶羹

菠菜 3 根
洋葱 1/4 个
牛奶 2 大匙

1. 将菠菜清洗干净，放入开水中氽烫至软时后捞出。
2. 沥干水分，选择菠菜的叶尖部分仔细切碎，磨成泥状；洋葱洗净剁成泥。
3. 将菠菜泥与洋葱泥、清水 20 毫升一同放入小锅中用小火煮至黏稠状。出锅前加入牛奶略煮即可喂食。

黄瓜

食材解读

黄瓜肉质脆嫩，脆甜多汁，生食生津解渴。黄瓜含水分为98%，并含有少量的维生素C、胡萝卜素、蛋白质、磷、铁等人体必需的营养素。黄瓜的热量很低，但硫胺素、核黄素的含量很高甚至高于番茄。

健康提示

黄瓜中含有一种维生素C的分解酶，会破坏其他蔬菜中的维生素C。番茄含维生素C丰富，如果二者一起食用，番茄中的维生素C就被黄瓜中的分解酶破坏。另外不要吃腌黄瓜，因为腌黄瓜含盐过多，对宝宝健康不利。

专家指点

黄瓜果实成熟后的汁液，可治疗烧伤，减少疼痛感，适合宝宝烧伤时使用；还可用于治疗宝宝夏季烦热口渴、小便不利，湿热泻痢较轻的患儿也可食用。黄瓜中还含有一种生物皂苷，有抑制脂肪形成的作用。长期生食黄瓜可起到减肥的作用。

黄瓜炒仔虾

仔虾 100 克
黄瓜 50 克
砂糖 5 克
盐 2 克
酱油、植物油各 1 小匙

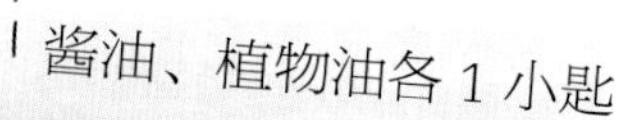

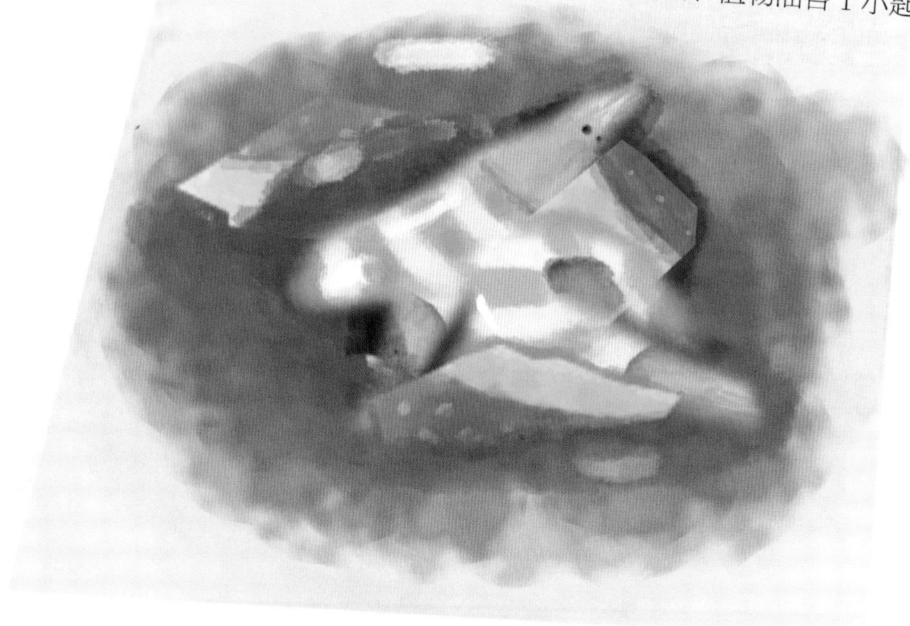

1. 将仔虾用水洗一下，剪去须和脚，黄瓜洗净切成 3 厘米长、0.2 厘米厚的片。
2. 炒锅内放入植物油，热油，等油冒烟时放入仔虾翻炒两下，加入黄瓜片、砂糖、酱油、盐，再翻炒两下，加水烧开，再翻炒几下即可。

白菜

食材解读

白菜含有多种营养物质，是人体生理活动需要的维生素、无机盐及食用纤维素的重要来源。白菜含水量高达95%，而热量却很低，它含有丰富的钙；白菜中的纤维素不但能起到润肠、促进排毒的作用，还能促进人体对动物蛋白质的吸收。

健康提示

白菜在腐烂时产生毒素，所产生的亚硝酸盐使血液中的血红蛋白丧失携氧能力，使人体严重缺氧，甚至有生命危险。

专家指点

切白菜时，宜顺丝切，这样白菜易熟。烹调时白菜不宜用水煮焯、浸烫后挤汁，以避免营养成分的大量流失。

奶油白菜汤

白菜 200 克
牛奶 75 克
植物油 2 小匙
盐 1/2 小匙
葱 5 克
姜 3 克
素高汤 300 毫升

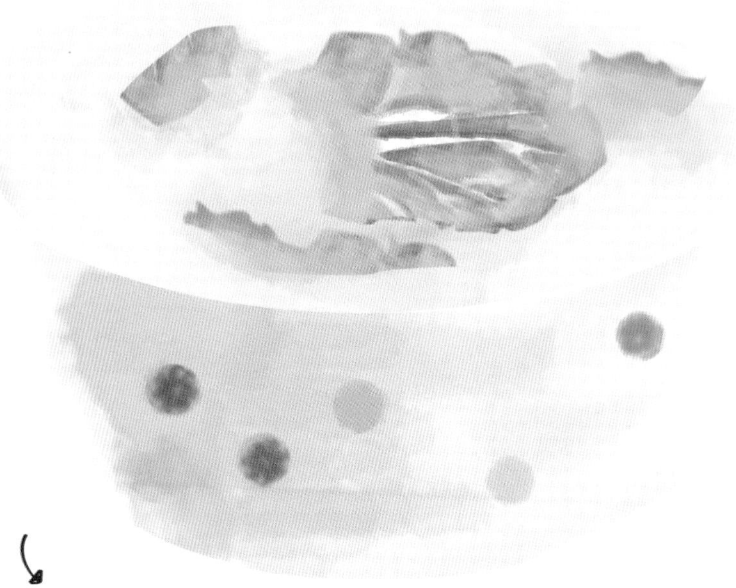

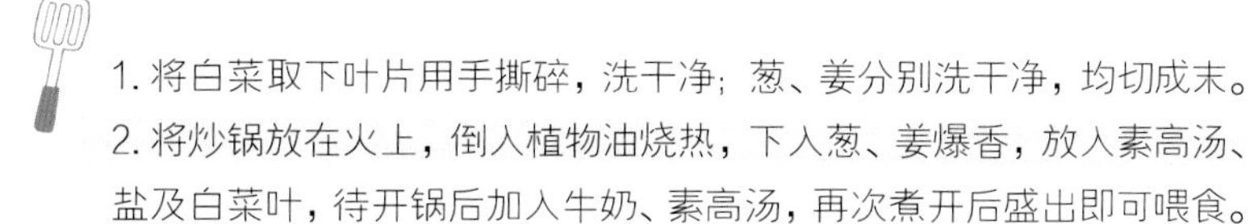

1. 将白菜取下叶片用手撕碎，洗干净；葱、姜分别洗干净，均切成末。
2. 将炒锅放在火上，倒入植物油烧热，下入葱、姜爆香，放入素高汤、盐及白菜叶，待开锅后加入牛奶、素高汤，再次煮开后盛出即可喂食。

白萝卜

食材解读

每100克白萝卜含蛋白质0.9克、脂肪0.1克、碳水化合物5克、钙36毫克、磷26毫克、钾173毫克、铁0.5毫克、锌0.3毫克。白萝卜含芥子油、淀粉酶和粗纤维等，具有促进消化、增强食欲、加快肠胃蠕动和止咳化痰的功效。

健康提示

白萝卜中还含有多种酶，能消除致癌物质，起到抗癌的作用；白萝卜中含有的干扰素诱生剂能刺激胃肠黏膜产生干扰素，起到抗病毒感染、抑制肿瘤细胞增生的作用。

专家指点

白萝卜很大一部分的营养成分存在于萝卜皮和萝卜叶当中，从营养学角度讲，萝卜皮中含有分解淀粉的淀粉酶、分解蛋白质的蛋白酶和分解脂肪的酶。在食用烤鱼、烤肉和火锅时，不妨吃点儿带皮的白萝卜丝，会帮助消化，并且白萝卜还具有保护胃黏膜的功效。

白萝卜炖大排

猪排 50 克
白萝卜 50 克
葱、姜各少许

1. 将猪排剁成小块，入开水锅中焯一下，捞出用凉水冲洗干净，重新入开水锅中，放入葱、姜，用中火煮炖 1 小时，猪排捞出；白萝卜去皮，切条，用开水焯一下，去生味。
2. 锅内的汤继续烧开，加入猪排和白萝卜条，炖 15 分钟，待肉烂且萝卜软，即可喂食。

胡萝卜

食材解读

胡萝卜中含有丰富的胡萝卜素，在人体内可转化成维生素A，对促进宝宝的生长发育及维持正常视觉功能具有十分重要的意义。胡萝卜中的维生素A，具有促进机体正常生长与繁殖、维持人体上皮组织正常代谢、防止呼吸道感染与保持视力正常的功效，并且对治疗夜盲症和干眼症也有很好的疗效。

健康提示

胡萝卜素属脂溶性物质，故只有在油脂中才能被很好地吸收。因此，食用胡萝卜时最好用油类烹调后食用，或同肉类同煨，以保证有效成分被人体吸收利用。所以，不要给宝宝吃未加工过的生胡萝卜。

专家指点

胡萝卜味甘性平，有健脾、助消化的功效，并含有胡萝卜素、B族维生素、脂肪、糖类，其中还含有大量果胶，有收敛和吸附作用。胡萝卜能增强人体免疫力，有抗癌作用，对多种脏器有保护作用。

鸡肝胡萝卜粥

鸡肝 2 个
胡萝卜 10 克
已泡好的大米 20 克
高汤 4 杯
盐少许

1. 将已泡好的大米研成末后，加入高汤，小火慢熬成粥状。
2. 鸡肝及胡萝卜洗净后，蒸熟捣成泥，加入粥内，加盐少许，大米煮熟即可喂食。

茄子

食材解读

茄子含有蛋白质、脂肪、碳水化合物、维生素及钙、磷、铁等多种营养成分，特别是维生素P的含量很高。维生素P属于水溶性维生素，必须从食物中摄取，是人体对维生素C的消化吸收上不可缺少的物质。能增强宝宝的免疫力。

每100克茄子含水分95克、蛋白质1.2克、脂肪0.4克、碳水化合物2.2克、钙23毫克、磷26毫克、铁0.5毫克、胡萝卜素0.11毫克、维生素P750毫克。

健康提示

在烹调时应除去茄锈，因为用刀切开茄子后，茄子表面容易氧化变黑，影响茄子的色泽。可将切好的茄块放入淡盐水中浸泡，挤去黑水，再用清水冲洗即可。要储藏的茄子不可用水洗，茄子经水洗后，外表皮的蜡质将被破坏，使茄子腐烂变质。

专家指点

茄子品种很多，浆果的形状有长条形、圆形、倒卵圆形，皮的颜色有白、青、紫三种，以白、紫茄为好。而维生素P含量最多的部位是紫色表皮和果肉的结合处，故茄子以紫色品种为上品。

茄子饭

大米 40 克
茄子 15 克
角瓜 15 克
洋葱 5 克
芝麻粉少许
海带汤 15 毫升
清水 80 毫升

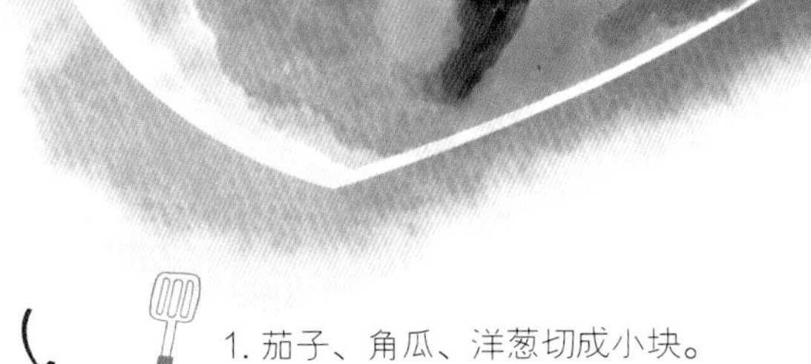

1. 茄子、角瓜、洋葱切成小块。
2. 锅里不加油炒一段时间茄子、角瓜、洋葱后，再放芝麻粉和海带汤一起煮。
3. 把大米和清水倒入锅里煮成稀饭后，再倒入汤汁，蒸一段时间即可喂食。

菜花

食材解读

菜花营养丰富，含有蛋白质、脂肪、糖及较多的维生素A、维生素C、B族维生素和较丰富的钙、磷、铁等矿物质。维生素C含量尤其多，是同量大白菜含量的4倍、番茄含量的8倍、芹菜含量的15倍、苹果含量的20倍以上。

健康提示

选购菜花时，应挑选花球雪白坚实、花柱细、肉厚而脆嫩、无虫伤、无机械伤、不腐烂的为好。此外，可挑选花球附有两层不黄不烂青叶的菜花。

花球松散、颜色变黄，有其他奇怪的气味，甚至发黑或枯萎的质量较差，食用时营养价值下降。

专家指点

菜花以开水氽烫，水中可先加盐，可以增加鲜度及美味。菜花是含有类黄酮最多的食物之一。类黄酮除了可以防止感染，还是最好的血管清理剂，能够阻止胆固醇氧化，防止血小板凝结成块，降低患心脏病与中风的风险。

牛奶菜花泥

菜花 20 克
牛奶 20 克
软米饭 1/2 碗

1. 菜花清洗干净，只取有花朵那一部分放入开水中氽烫至软。
2. 将沥干水分的菜花剁成碎末。
3. 将软米饭倒入锅中，添水用大火煮，当水沸腾时把火调小，加入菜花末和牛奶再煮一会儿，边搅边煮，煮熟后即可喂食。

丝瓜

食材解读

丝瓜中含有蛋白质、脂肪、碳水化合物、粗纤维、钙、磷、铁、瓜氨酸以及核黄素、B族维生素、维生素C等，还含有人参中所含的成分。

每100克丝瓜果肉含水分92.9克、蛋白质1.5克、碳水化合物4.5克、脂肪0.1克、粗纤维0.5克、维生素C8.0毫克、胡萝卜素0.32毫克、钾156.0毫克、钠3.7毫克、钙28.0毫克、镁11.0毫克、铁0.8毫克。

健康提示

宝宝不宜生吃丝瓜，因为宝宝的消化功能还很弱，若是生吃丝瓜很容易引起腹泻等胃肠道疾病。

因为丝瓜含汁水丰富，其中富含很多水溶性营养物质，所以宜现切现做，以免营养成分随汁水流失。

专家指点

夏天酷热，宝宝身体出汗较多，大多烦躁厌食，可以适当吃一些丝瓜做的粥菜，能起到消暑开胃的作用。

一般人用丝瓜做菜，都喜欢吃半生半熟的，取其爽口而味鲜，但这种吃法，正是利口不利腹，常会引起肠胃问题。因此，丝瓜必须做熟吃。

木耳玉米丝瓜汤

干木耳 20 克
胡萝卜 100 克
丝瓜、牛腱肉各 200 克
玉米 1 根
姜片 2 片
盐 1/2 小匙

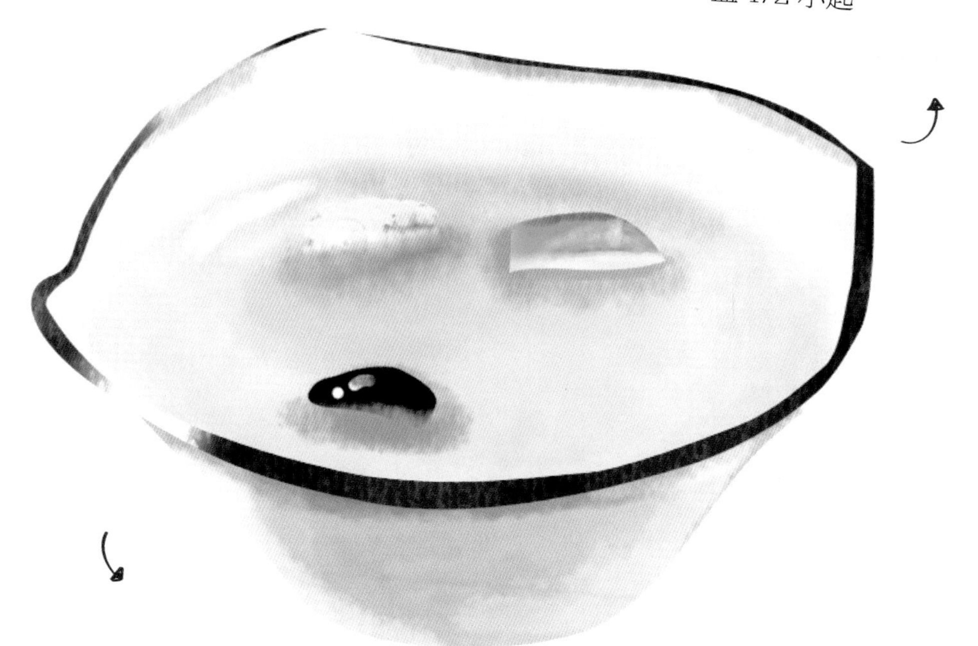

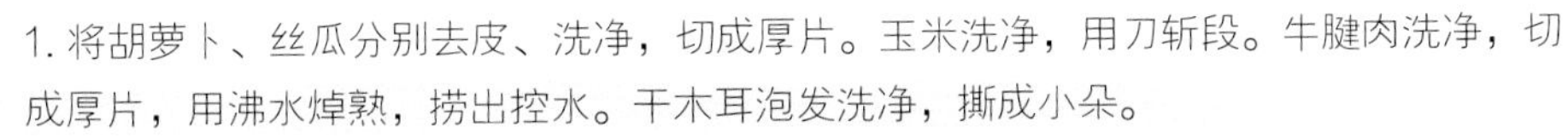

1. 将胡萝卜、丝瓜分别去皮、洗净，切成厚片。玉米洗净，用刀斩段。牛腱肉洗净，切成厚片，用沸水焯熟，捞出控水。干木耳泡发洗净，撕成小朵。
2. 汤锅中加入适量清水，大火烧开后放入木耳、胡萝卜片、丝瓜片、玉米段、牛肉片、姜片，再次烧沸后转小火煮 2 小时，出锅前加入盐调味即可。

土豆

食材解读

土豆含丰富的赖氨酸和色氨酸，这是一般食物所不可比的；土豆还富含钾、锌、铁，钾可预防脑血管破裂；它所含的蛋白质和维生素C，均为苹果的10倍，维生素B_1、维生素B_2、铁和磷含量也比苹果高得多。

健康提示

选购土豆时要注意，不要购买皮上有芽尖的；看皮上有无残留的被掐掉芽尖的芽根残迹，有的商贩会在芽根凹陷处嵌入新鲜的泥土，可将泥土剔去后察看。

专家指点

土豆中的蛋白质比大豆还好，最接近动物蛋白。从营养学角度看，它的营养价值相当于苹果的3.5倍。

土豆中所含的膳食纤维，有促进肠胃蠕动和加速胆固醇在肠道内代谢的功效，具有通便和降低胆固醇的作用，可以治疗习惯性便秘。

豌豆土豆泥

土豆 1 个
豌豆 20 克
蛋黄 1/2 个
牛奶适量

1. 取熟蛋黄 1/2 个放入研磨器中，用匙子研磨成泥状。
2. 将土豆煮熟后去皮研成泥状，放入滤网中过滤。
3. 豌豆洗净煮熟后把外皮去掉，趁热研磨。
4. 向土豆泥中加入蛋黄泥、豌豆泥和牛奶，搅拌均匀，放火上稍微加热即可。

番茄

食材解读

番茄中含有糖类、维生素C、维生素B_1、维生素B_2、胡萝卜素、蛋白质以及丰富的磷、钙等。其中维生素C的含量高，相当于苹果含量的2.5倍、西瓜含量的10倍，人称“蔬菜中的水果”。

健康提示

番茄含有的番茄红素是一种类胡萝卜素，是目前已知的抗氧化能力最强的物质，能清除宝宝体内的自由基，提高免疫力。由于番茄红素属于脂溶性物质，烹饪时应加适量植物油炒食，有利于番茄红素的释放。需要注意的是，烹调西红柿时不要久煮或久炖，否则会造成营养素严重损失。

专家指点

宝宝开始添加辅食时食物要做得细、软、烂，7个月左右可以给宝宝喂食蒸熟的番茄，并将番茄捣成浆状喂给宝宝吃；9个月的宝宝可以将番茄鱼其他蔬菜混合在一起榨蔬菜汁喂食。需要注意的是，番茄皮不好消化，1岁之内的宝宝要去除番茄皮后再给宝宝吃。

番茄碎面条

番茄 1 个
面条 200 克
熬好的蔬菜汤 2 大匙

1. 在煮好的儿童面条中加入 2 大匙蔬菜汤，放入微波炉加热 1 分左右。
2. 番茄去子切碎，放入微波炉加热 10 秒。
3. 将加热过的番茄和蔬菜汤面条倒在一起搅拌即可喂食。

竹笋

食材解读

竹笋营养丰富，每100克鲜竹笋中含有蛋白质3.28克、碳水化合物4.47克、纤维素0.9克、脂肪0.13克、钙22毫克、磷56毫克、铁0.1毫克、多种维生素和胡萝卜素、含量比大白菜含量高1倍多。

竹笋的蛋白质含量比较丰富，含有大量人体所必需的赖氨酸、色氨酸、苏氨酸、苯丙氨酸，以及在蛋白质代谢过程中占有重要地位的谷氨酸，和有维持蛋白质构型作用的胱氨酸。

健康提示

家长应该怎么给宝宝做竹笋吃呢？很简单。要把笋干放在水里泡发，约1天时间，观察竹笋的干燥程度和老嫩质量而定，一定要让它变得非常软后再沥干水，然后再进行蒸、煮，制作时要注意，一定要多放些油。

专家指点

竹笋的基部营养较差，给宝宝做食物时，应当尽量选择营养丰富的顶部和嫩部。

竹笋肉粥

冬笋 100 克
猪肉末 50 克
大米 100 克
盐 1/2 小匙
姜末 5 克
麻油 3 大匙

1. 将竹笋切细丝汆烫后投凉。
2. 热锅放入麻油，下猪肉末煸炒一会儿，加入竹笋丝、姜末、盐，翻炒使其入味，盛入碗中备用。
3. 将洗干净的大米熬粥，等到粥将熟时倒入碗中备料，稍煮即可食用。

莲藕

食材解读

鲜莲藕中含有高达 20% 的碳水化合物，蛋白质、各种维生素、矿物质的含量也很丰富。莲藕味甘，富含淀粉以及钙、磷、铁等无机盐，藕肉易于消化，适宜宝宝滋补。

健康提示

选购生藕时，应选节短且粗的，自藕尖起第二节为最佳。选购生吃的鲜藕，以藕身肥大、肉质脆嫩、水分多而甜，带有清香味者为佳。储存时，先将藕洗净，放入容器中，加清水浸没过藕，每隔 1~2 天换水 1 次。

专家指点

秋天，宝宝很容易出现皮肤干燥、口渴心烦、鼻腔干燥、咽喉疼痛、干咳少痰等秋燥现象。

因此，新妈妈要多为宝宝选择一些防治秋燥的食物，莲藕特别值得推荐。新鲜莲藕中，至少含有 20% 的糖类物质和丰富的钙、磷、铁及多种维生素，其中维生素 C 和纤维素的含量也特别多。

莲藕蔬果汁

藕 100 克
苹果 1 个
柠檬汁 2 小匙

1. 将莲藕洗干净去掉皮，切成小块，苹果去皮去核，切成块。
2. 一起放入榨汁机中，加入约 80 毫升凉开水，榨汁过滤后，加入柠檬汁就可以饮用了。

蘑菇

食材解读

蘑菇含有丰富的蛋白质，可消化率达70%~90%，享有“植物肉”之称。蘑菇富含维生素D，科学地食用有益于骨骼健康。

蘑菇还含有大量植物纤维，能有效防治便秘，而且蘑菇热量低，可以防止发胖，也是胖宝宝的理想食品。

健康提示

市售蘑菇分为两大类，即鲜蘑和干蘑。鲜蘑多为人工栽培品种，一般品质较好，选购时挑选干净、无霉斑、无腐烂的即可。干蘑是由野生蘑菇干制而成，购买时应挑选菌伞完整，无杂质、无霉变，干爽的干蘑。

专家指点

香菇是一种生长在木材上的真菌。由于它味道鲜美，香气沁人，营养丰富，不但位列草菇、平菇之上，而且素有“植物皇后”之誉。由于香菇富含不饱和脂肪酸，还含有大量可转化为维生素D的麦角甾醇和菌甾醇，哺乳妈妈多进食香菇，可以提高乳汁中维生素D的含量，预防宝宝因缺乏维生素D而引起佝偻病。香菇还可以提高乳汁中的精氨酸和赖氨酸含量，对宝宝有健脑的功效。

蘑菇鸡蛋汤

蘑菇两个
鸡蛋 1 个
大葱 10 克
蒜泥 1 小匙
香油、酱油各少许
清水 250 毫升

1. 蘑菇去掉茎部后切成丝状，然后加到放香油的煎锅里炒熟。
2. 鸡蛋打碎后搅匀，大葱捣碎。
3. 锅里倒入适量的清水加蘑菇和大葱煮开后，再放入蒜泥和酱油一起煮。
4. 在煮好的食材中加入鸡蛋液煮到鸡蛋熟，即可喂食。

海带

食材解读

海带的营养价值很高，富含蛋白质、脂肪、碳水化合物、膳食纤维、钙、磷、铁、胡萝卜素、维生素 B_1、维生素 B_2、烟酸以及碘等多种矿物质。

每 100 克干海带中含蛋白质 8.2 克、脂肪 0.1 克、碳水化合物 56 克，属低热能食物。每 100 克干海带中含膳食纤维 9.8 克，膳食纤维在人体中具有独特的营养功能，能促进肠胃蠕动。

健康提示

海带不易煮软，因为海带的主要成分褐藻胶比较难溶于水，但是，褐藻胶易溶于碱水。在煮海带时可以加少许小苏打。煮时观察软硬，软后立刻停火，但要注意加碱量。

专家指点

海带富含钙、碘等物质，能促进骨骼、牙齿的生长，是很好的营养保健食品。海带中还含有大量的不饱和脂肪酸和膳食纤维，能清除附在血管壁上的胆固醇，促进胆固醇的排泄；还含有丰富的钙元素，可以减少人体对胆固醇的吸收。

海带蛋黄糊

蛋黄 1/3 个

海带汤 3 大匙

1. 将蛋黄碾碎。
2. 锅中倒入海带汤，再放入碾碎的蛋黄，煮开即可喂食。

南瓜

食材解读

南瓜含有淀粉、蛋白质、胡萝卜素、B族维生素、维生素C和钙、磷等，其营养丰富，不仅有较高的食用价值，而且有着不可忽视的食疗作用。据《滇南本草》载：南瓜性温，味甘无毒，入脾、胃二经，能润肺益气，化痰排脓，驱虫解毒，治咳止喘，疗肺痈与便秘，并有利尿、美容等作用。

健康提示

选购南瓜时，用指甲掐瓜皮而不留指痕，表示老熟；表面有白霜的南瓜又面又甜。切开后的南瓜可以用保鲜膜包好，可保持3～5天不烂。南瓜品质多样，形状有长形、葫芦形等；颜色有金黄色、墨绿色和土黄色等。劣质的南瓜外形不规则，表面不光滑，有伤痕。

专家指点

南瓜含有丰富的维生素和果胶，果胶有很好的吸附性，能黏结和消除体内细菌毒素和其他有害物质，如重金属中的铅、汞和放射性元素，能起到解毒作用。南瓜所含果胶还可以保护胃肠道黏膜，免受粗糙食物刺激，促进溃疡愈合，适宜胃病患者。南瓜所含成分能促进胆汁分泌，加强胃肠蠕动，帮助宝宝消化食物。

南瓜沙拉

南瓜 40 克
葡萄干 1 小匙
干奶酪 2 小匙

1. 南瓜去子和瓤，削皮后煮软，切成 5 ~ 7 毫米小块，蒸熟。
2. 葡萄干用热水泡一下，控除水，切碎。
3. 将南瓜、葡萄干、干奶酪放入小钵中混匀，然后盛到盘子里即可喂食。

桃子

食材解读

桃子的营养相当丰富，每100克桃肉中含有人体易吸收及消化的葡萄糖、果糖及蔗糖约10克，还含有胡萝卜素及多种矿物质。其中铁的含量为各种水果之冠，而铁是人体造血的主要原料，对宝宝的身体非常有益。

健康提示

清洗桃毛时先将桃子用水淋湿，把盐涂在表面，然后搓均匀，再将桃子放在水中浸泡片刻，轻轻翻动，最后用清水冲洗，桃毛即可全部去除。也可在水中加少许盐，然后将桃子放入水中，浸泡片刻，再用手搓洗。

专家指点

桃中除了含有多种维生素和果酸、钙、磷等外，含铁量为苹果和梨的4～6倍，是防止缺铁性贫血的理想辅助食物。几个月大的宝宝最好不要喂食桃子，因为桃子中含有大量的大分子物质，宝宝无法消化吸收，很容易引起过敏。

16 桃汁

桃子约 40 克
水 1/2 杯

1. 把桃子洗干净后削皮，将核去除，然后把果肉放入榨汁机中榨汁。
2. 倒入与水果汁等量的水加以稀释。
3. 将其放入锅内，用小火煮一会儿即可喂食。

苹果

食材解读

苹果中含有17种氨基酸，其中7种为人体必需的氨基酸。苹果中还含有丰富的无机盐，其中钾盐、镁盐对心血管具有保护作用。苹果还含有丰富的锌元素，是人体内多种重要酶的组成元素，在消除疲劳的同时，还具有增强记忆力的功效。

健康提示

苹果汁有强大的杀灭传染性病毒的作用，所以常吃苹果可以有效降低宝宝感冒的概率。

专家指点

苹果含有丰富的果胶，便秘时吃苹果，果胶可吸收大量的水分，使粪便变软易于排出；腹泻时苹果中的果胶又能够吸收粪便中的水分，起到止泻的作用。

蒸苹果

新鲜苹果 1 个

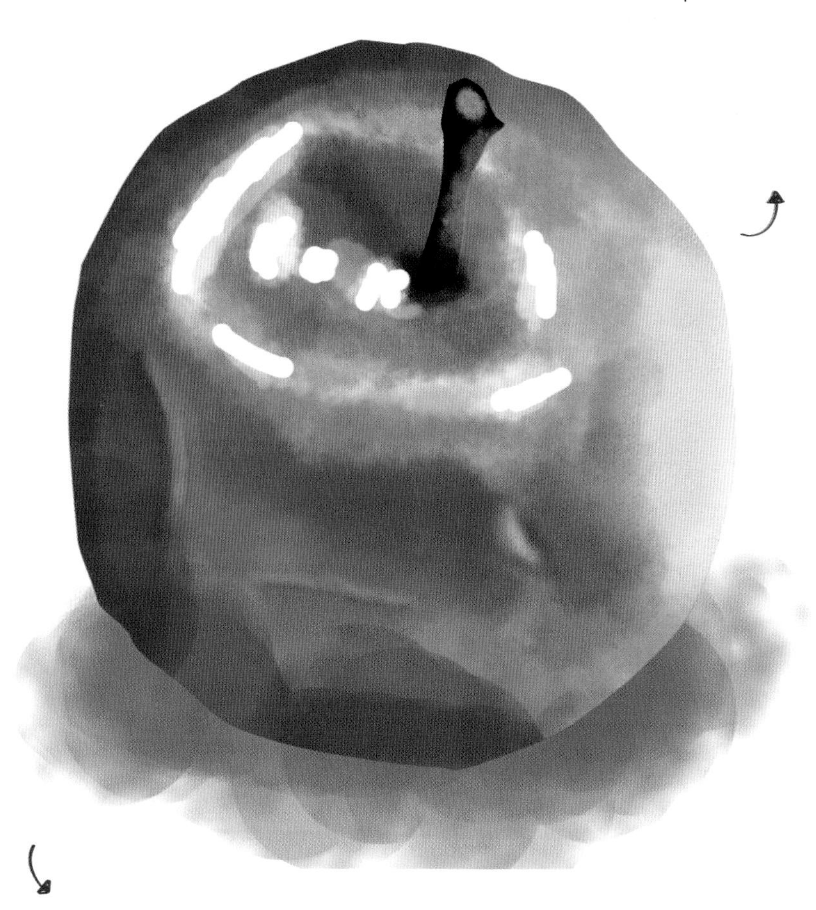

1. 将新鲜苹果洗净后，带皮放入碗内，入锅蒸熟。
2. 待温凉时，用小匙刮给宝宝食用。

橘子

食材解读

橘子的营养丰富，在每100克橘子果肉中，含蛋白质0.9克、脂肪0.1克、碳水化合物12.8克、粗纤维0.4克、钙56毫克、磷15毫克、铁0.2毫克、胡萝卜素0.55毫克、维生素$B_1$0.08毫克、维生素$B_2$0.3毫克、烟酸0.3毫克、维生素C34毫克，以及橘皮苷、柠檬酸、苹果酸、枸橼酸等营养物质。

健康提示

橘子不宜与萝卜同食，橘子与牛奶也不宜同食。牛奶中的蛋白质易与橘子中的果酸和维生素C发生反应，凝固成块，不仅会影响到宝宝对食物的消化吸收，还会引起腹胀、腹痛、腹泻等肠道疾病。

专家指点

常给宝宝吃橘子，宝宝患白血病的风险降低一半。1个橘子就几乎满足人体每天所需的维生素C。橘子含有170余种植物化合物和60余种黄酮类化合物，其中的大多数物质均是天然抗氧化剂。

橘子汁

鲜橘子 1 个
水 1/2 杯

1. 将鲜橘子洗净， 切成两半，放入榨汁机中榨成橘汁。
2. 倒入与橘汁等量的水加以稀释。
3. 将其倒入锅内，用小火煮一会儿即可喂食。

西瓜

食材解读

西瓜味甘甜、多汁，清爽解渴，是盛夏佳果，西瓜几乎含有人体所需的各种营养素，除不含脂肪和胆固醇外，还含有大量的蔗糖、果糖和葡萄糖，丰富的维生素 A、维生素 C、B 族维生素，是一种营养丰富、纯净、食用安全的食物。

健康提示

炎热的夏季，很多人喜欢将买回来的西瓜放到冰箱里，冷藏后再吃。宝宝的消化功能差，要注意不能吃太冷的西瓜，以免引起厌食、腹痛、吐泻等胃肠道疾病。

专家指点

西瓜除含有大量水分外，瓤肉含糖量一般为 5% ~ 12%，包括葡萄糖、果糖和蔗糖。甜度随成熟后期蔗糖的增加而增加，采摘后贮藏期间甜度会因双糖水解为单糖而降低。

西瓜子可作茶饮，西瓜皮也具有清暑解热的功效。吃西瓜后尿量会明显增加，这可以减少胆色素的含量，对治疗黄疸有一定作用并可使大便通畅。

西瓜汁

西瓜瓤 20 克
水 1/2 杯

1. 将西瓜瓤放入碗内，用匙捣烂，再用纱布过滤成西瓜汁。
2. 倒入与西瓜汁等量的水加以稀释。
3. 将其放入锅内，用小火煮一会儿即可喂食。

猕猴桃

食材解读

猕猴桃果肉多汁，清香鲜美，甜酸宜人，除含有较丰富的蛋白质、糖类、脂肪和钙、磷、铁等矿物质外，最引人注目的是它的维生素C含量，据分析，每100克果肉含维生素C100~420毫克，在水果中居于前列。猕猴桃属于膳食纤维丰富的低热量低脂肪食品，每个猕猴桃中仅有45卡热量，其中所含纤维有1/3是果胶，能起到润燥通便的作用。

健康提示

成熟的猕猴桃，质地较软，并有香气。若果实质地硬，无香气，则说明没有成熟，味酸而涩，不宜食用；若果实很软，呈气鼓状态，并有异味，则表明已过熟或腐烂，已丧失了食用价值，不宜购买。

专家指点

水果中维生素C的含量普遍较蔬菜要少，但猕猴桃中维生素C含量比较丰富，并且含有较多的膳食纤维，缓解宝宝的便秘。

缤纷水果饭团

软米饭 1/2 碗
猕猴桃 40 克
水蜜桃 40 克
番茄 40 克
葡萄干 8 粒

1. 将猕猴桃、水蜜桃、番茄切成小丁备用。
2. 将猕猴桃丁、水蜜桃丁、番茄丁拌于米饭中，可制作成外形、色彩各异的饭团。
3. 最后撒上葡萄干即可喂食。

菠萝

食材解读

菠萝营养丰富，维生素C含量是苹果的5倍。菠萝的鲜果肉中含有丰富的果糖、葡萄糖、氨基酸、有机酸、蛋白质、粗纤维、钙、磷、铁及多种维生素等营养物质。

健康提示

用淡盐水浸泡菠萝能起到灭酶的作用，但是时间不能太久，否则会破坏营养物质，盐水浸泡时间过长还会使菠萝失去保健作用，所以一般浸泡时间以不超过30分钟为宜。

专家指点

对菠萝过敏的宝宝最好不要食用。有的宝宝在吃后15分钟至1小时即出现腹痛、恶心、呕吐、腹泻，同时出现过敏症状，头昏、皮肤潮红、全身发紫、四肢及口舌发麻，严重的会突然晕倒，甚至会出现休克等症状。

21

菠萝汁

菠萝 1/4 个
柠檬汁少许

1. 将菠萝去皮后切成小块。
2. 放入榨汁机中搅拌，倒出后和柠檬汁一起搅匀即可喂食。

香蕉

食材解读

香蕉所含的营养成分：每100克香蕉中含有水分75.8克、蛋白质1.4克、脂肪0.2克、膳食纤维1.2克、碳水化合物20.8克、钙7毫克、磷28毫克、锌0.18毫克，含有胡萝卜素60微克；香蕉的糖分、蛋白质含量均高，维生素B_1、尼克酸、维生素C、矿物质也很丰富，热量在水果中也居高，且富含钾。

健康提示

优质香蕉果皮呈鲜黄或青黄色，单只香蕉体弯曲，果实丰满、肥壮、色泽新鲜、光亮、果面光。

香蕉不宜低温贮存，但温度过高也会导致香蕉加速成熟，腐烂变质，完全成熟的香蕉不宜贮存，应即买即食。

专家指点

香蕉含有丰富的碳水化合物、蛋白质，还含有丰富的钾、钙、铁及维生素A、维生素B_1和维生素C等，具有润肠、通便的作用，对宝宝的便秘有很好的辅助治疗作用。

酸奶香蕉奶昔

香蕉 1 根
酸奶 1 杯
冰块少许
鲜橙汁 30 毫升
樱桃 1 颗

1. 将香蕉去皮切成小块，再将香蕉、酸奶、冰块、鲜橙汁一起放入榨汁机中搅拌。
2. 约 30 秒后倒入果杯，将樱桃放在奶昔表面即可喂食。

梨

食材解读

梨的营养十分丰富，含有 85% 的水分、1%~3.7% 的葡萄糖、0.4%~2.6% 的蔗糖。梨在每 100 克可食部分中约含钙 5 毫克、磷 6 毫克、铁 0.2 毫克、维生素 C 4 毫克。梨中还含有一定量的蛋白质、脂肪、胡萝卜素、维生素 B_1、维生素 B_2、苹果酸等。

健康提示

选购时以果实完整、无虫害、无压伤、坚实为佳。还要注意果实应坚实，但不可太硬，并避免买到皮皱皱的，或皮上有斑点的果实。梨含水分较多，贮藏中容易失水，所以无论使用什么贮藏方法，均应注意增加湿度。

专家指点

深秋或初冬时节，干燥寒冷的气候，很容易使宝宝口干鼻燥、外感咳嗽。

生梨性寒味甘，有润肺止咳、滋阴清热的功效，深秋或初冬特别适合宝宝食用。

糖拌梨丝

梨 30 克
砂糖 5 克
醋 5 克

1. 将梨去掉皮、核， 洗干净，切成丝，放入凉开水中泡一会儿，捞出来控净水。
2. 将梨丝装入盘内，放入砂糖、醋拌匀即可喂食。

草莓

食材解读

草莓果实鲜嫩多汁、郁香酸甜、风味独特，含有丰富的B族维生素，维生素C和铁、钙、磷等多种营养成分，是老幼皆宜的上乘水果。食用草莓能促进人体细胞的形成，维持牙齿、骨骼、血管、肌肉的正常功能和促进伤口愈合，能促使抗体的形成，增强人体抵抗力，并且还有解毒的作用。

健康提示

新鲜的草莓应该是鲜红色、丰满、中等大小、无污染的，呈匀称的圆形，并带有茎和萼片。未成熟的草莓采收下来就不会再成熟了，太大的果实果味太淡，但是过小的或者畸形的果实则可能是苦的。

专家指点

草莓中的营养容易被人体消化、吸收，多吃也不会受凉或上火，是老少皆宜的健康食品。草莓是鞣酸含量丰富的植物，具有防癌功效。

草莓薏仁酸奶

新鲜草莓 6 颗
酸奶 1 盒
薏仁适量

1. 将薏仁加水煮开，水沸后等薏仁熟透，汤汁呈浓稠状即可，放凉后摆冰箱备用。
2. 将草莓洗干净，去蒂，切半，摆入瓶中。
3. 浇入酸奶、薏仁汤汁，就可以饮用了。

大豆

食材解读

大豆有“豆中之王”之称，被人们叫作“植物肉”“绿色的乳牛”，营养价值非常高。干大豆中含高品质的蛋白质约40%，为其粮食之冠。现代营养学研究表明，500克大豆相当于1千克多瘦猪肉，或1.5千克鸡蛋，或6千克牛奶的蛋白质含量。脂肪含量也在豆类中占首位，出油率达20%；此外，还含有维生素A、B族维生素、维生素D、维生素E，及钙、磷、铁等矿物质。

健康提示

在挑选时要选择具有其固有色泽的，若色泽暗淡，无光泽为劣质大豆。颗粒饱满且整齐均匀，无破瓣、无缺损、无霉变、无挂丝的为好大豆；颗粒瘦瘪，不完整，大小不一，有破瓣，有虫蛀，霉变的为劣质大豆。

专家指点

大豆内含有一种脂肪物质叫亚油酸，能促进宝宝的神经发育。亚油酸还具有降低血中胆固醇的功效，所以是预防高血压、冠心病、动脉硬化等的良好食品。此外大豆内还含有丰富的B族维生素和钙、磷、铁等无机盐。生大豆中，含有抗胰蛋白酶因子，影响人体对大豆内营养成分的吸收，所以食用大豆及豆制品，烧煮时间应长于一般食品，以高温来破坏这些因子，提高大豆蛋白的营养价值。

白糖豆浆

大豆 100 克
白糖 50 克

1. 将大豆洗干净，浸泡 4~7 小时，捞出后放入豆浆机中榨成汁。
2. 将制好的豆浆倒入碗中，加入白糖，稍煮一会儿即可喂食。

豆腐

食材解读

豆腐的蛋白质含量较高，且质量比粮食中的蛋白质好，与肉类的蛋白质接近。除大量的水分以外，每100克豆腐中含有蛋白质4.5~7.5克，碳水化合物为2.8克，钙含量为240毫克左右，磷含量为60毫克左右，铁含量为1.4~2.1毫克。

健康提示

豆腐虽含钙丰富，但若单食豆腐，人体对钙的吸收利用率颇低。若将豆腐与含维生素D高的食物同煮，可使人体对钙的吸收率提高20多倍。所以，在做豆腐菜式的时候一定要注意与其他食物搭配。

专家指点

豆腐含蛋白质、维生素 B_1、维生素 B_2、维生素E、烟酸及钙、铁、镁、卵磷脂、亚油酸等，有益气中和、生津润燥、清热解毒的功效，适宜宝宝食用。豆腐所含的豆固醇抑制了胆固醇的摄入，可以降低血浆中胆固醇、三酰甘油和低密度脂蛋白的浓度，同时不影响血浆高密度脂蛋白的浓度。

豆腐鱼泥汤

鱼泥 25 克
鸡蛋 1 个
豆腐 50 克
砂糖、葱末、酱油、植物油、盐各适量

1. 鱼泥用酱油、砂糖和少许植物油拌匀。
2. 鸡蛋去壳搅匀。
3. 用适量水和盐把豆腐煮熟，然后加入煨好的鱼泥，待熟时撒蛋花、葱末，煮熟便成。

鹌鹑蛋

食材解读

鹌鹑蛋的营养价值高，与鸡蛋相比，蛋白质含量高30%，维生素B_1高20%，维生素B_2高83%，铁高46.1%，卵磷脂高560%，并含有维生素P等成分。不仅是营养滋补佳品，还是治疗许多疾病的良药。

健康提示

鹌鹑蛋所含的赖氨酸比鸡蛋高，而鸡蛋所含的亮氨酸、蛋氨酸等都比鹌鹑蛋高。虽然鹌鹑蛋与鸡蛋的营养成分相似，但由于鹌鹑蛋中营养分子较小，所以更易消化吸收。

专家指点

鹌鹑蛋中所含丰富的卵磷脂和脑磷脂，是高级神经活动不可缺少的营养物质，鹌鹑蛋的营养价值比鸡蛋更高一筹，具有健脑的功效。

凤眼鹌鹑蛋

鹌鹑蛋 2 个
虾胶 20 克
面包 50 克
花生油适量

1. 鹌鹑蛋煮熟去壳，每个切成两半，面包切片。
2. 将虾胶涂在面包上，鹌鹑蛋镶嵌在虾胶中间，蛋黄向上。
3. 下入油锅中炸至金黄色，即可喂食。

鸭蛋

食材解读

鸭蛋营养丰富，可与鸡蛋媲美，有的成分会超过鸡蛋，鸭蛋中含有蛋白质、磷脂、维生素A、维生素B_2、维生素B_1、维生素D，及钙、钾、铁、磷等营养物质。鸭蛋中的矿物质总量远胜鸡蛋，尤其铁、钙含量极为丰富，能预防贫血，促进骨骼发育。鸭蛋黄中含有大量的卵磷脂和脑磷脂，可以促进宝宝的大脑发育，让宝宝变得更聪明。

健康提示

有的妈妈认为“红心”鸭蛋的营养价值高，但是市场上有一些“红心”鸭蛋，是鸭子吃了工业染料产出的，对宝宝的健康有影响，所以一定要到正规商店购买。新鲜鸭蛋蛋壳结实，对光照看时呈微红色半透明状。

专家指点

鸭蛋中蛋氨酸和苏氨酸含量最高，可以促进宝宝的大脑发育，促进骨骼发育。鸭蛋营养丰富，含有丰富的蛋白质、钙、磷、铁和多种维生素，对宝宝的生长发育有一定的益处，但如果吃得太多，会给宝宝带来不良的后果。如果宝宝正在发热、出疹，就暂时不要吃，以免加重肠胃负担。宝宝若食用未完全煮熟的鸭蛋，很容易诱发疾病，所以不宜食用。在宝宝小的时候也不要给宝宝食用鸭蛋清，鸭蛋清会代谢成小分子的蛋白质，通过小肠被宝宝吸收，容易引起过敏。

黄金豆腐

豆腐 1/2 块
熟鸭蛋黄 1 个
植物油 1 大匙
葱末 5 克
盐 1 小匙
水淀粉 10 克

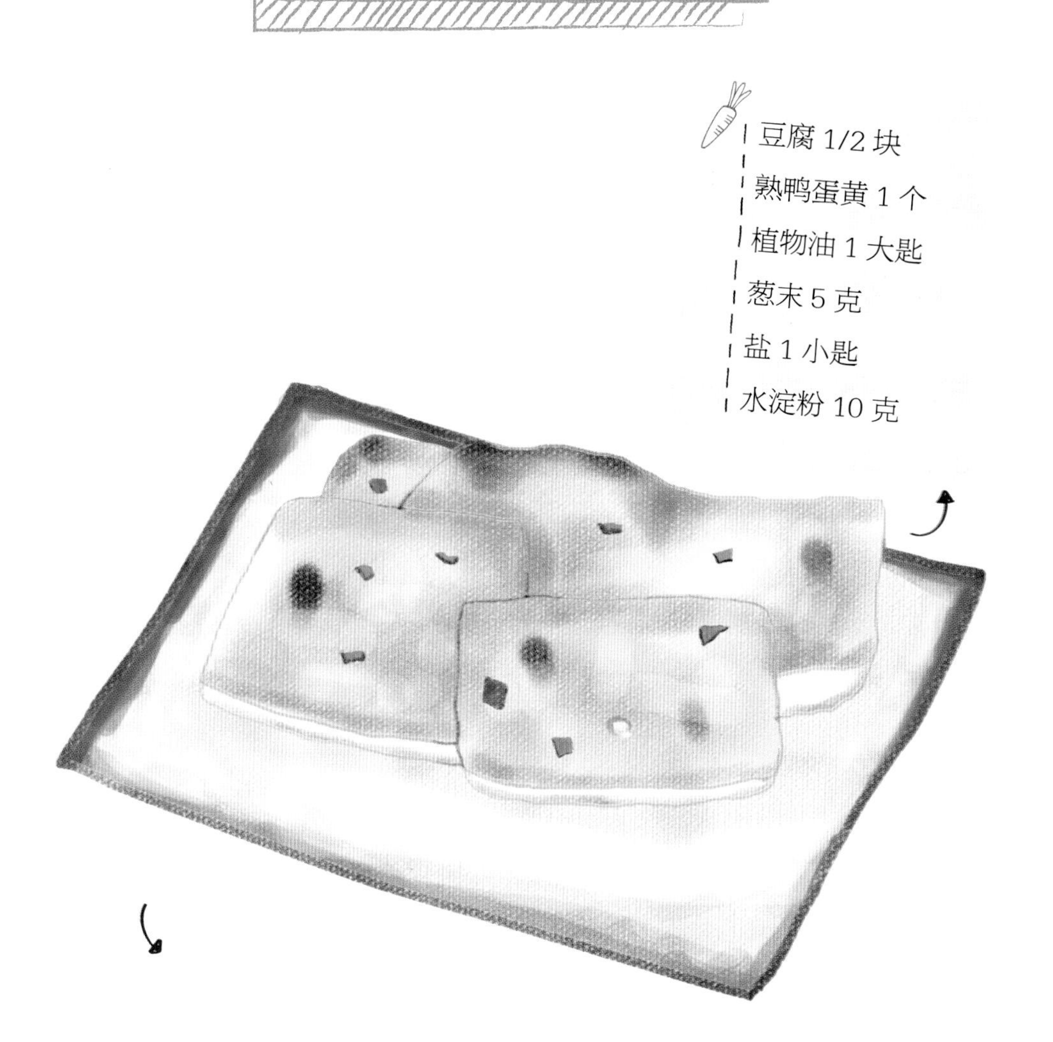

1. 将豆腐切成大片。炒锅烧热，加入植物油，油温五成热时，放入豆腐片，两面煎成金黄色时，捞出沥油。
2. 炒锅内留少许底油，下葱末爆香，将煎好的豆腐片放入锅内，煸炒后倒入盐，添适量热水烧开后，用水淀粉勾芡，将熟鸭蛋黄下锅研碎，翻炒均匀，即可喂食。

牛肉

食材解读

牛肉蛋白质含量高，而脂肪含量低。牛肉含有丰富的蛋白质，氨基酸组成比猪肉更接近人体需要，能提高机体抗病能力，促进宝宝的生长发育。每100克牛肉中所含蛋白质20.2克、脂肪2.3克、碳水化合物1.2克、钙9毫克、磷172毫克、钾284毫克、铁2.8毫克。

健康提示

牛肉不易熟烂，烹饪时放一个山楂、一块橘皮或一点儿茶叶可以使其易烂。牛肉属于红肉，含有一种恶臭乙醛，过多摄入不利于宝宝健康。

清炖牛肉保存营养成分比较好，炖牛肉时不要先加盐和酱油，否则牛肉不易熟烂，待牛肉炖烂后再加盐和酱油调味。

食材禁忌提示

牛肉不宜常吃，一周一次为宜。牛肉的肌肉纤维比较粗糙且不易消化，含有很多的胆固醇和脂肪，故宝宝及消化功能弱的人不宜多吃。牛肉不要和栗子一起喂给宝宝，同食会影响宝宝健康，引起呕吐。

牛肉碎菜

牛肉 30 克
胡萝卜 15 克
葱头 15 克
番茄 30 克
黄油 10 克

1. 将牛肉洗净切碎，加水煮熟、待用；胡萝卜洗净，切碎、煮软；葱头、番茄去外皮切碎，待用。
2. 将黄油放入锅内，烧热后放入葱头，搅拌均匀，再将胡萝卜、番茄、碎牛肉放入黄油锅内，用小火煮烂即可喂食。

猪肉

食材解读

猪肉纤维较为细软，结缔组织较少，因此，经过烹调后肉味鲜美。猪肉有促进铁吸收的半胱氨酸，能改善缺铁性贫血。宝宝食用后，可促进生长发育，使身体强壮。

健康提示

选购时首先是看颜色。好的猪肉颜色呈淡红或者鲜红，不安全的猪肉颜色往往是深红色或者紫红色；鲜猪肉呈乳白色，脂肪洁白且有光泽。

专家指点

猪肉的纤维组织比较柔软，还含有大量的肌间脂肪，因此比牛肉更好消化吸收。不同部位的猪肉在脂肪含量和口感上有很大的不同，也因此适合不同的烹调方法。

白菜肉泥

瘦猪肉 25 克
大白菜 50 克
虾皮 2 克
香油 2 克
葱、盐各适量

1. 将大白菜洗净， 切成碎末，用滤网滤出菜水。
2. 将猪瘦肉洗净，剁成肉泥。
3. 将虾皮洗净，用水泡片刻去掉咸味后，控干水，切成碎末。
4. 将肉泥、虾皮末加入调料及菜水顺一个方向搅匀（边搅边加入菜水），然后放入菜泥拌匀，上笼蒸熟即可喂食。

鸡肉

食材解读

鸡肉蛋白质的质量较高，脂肪含量较低，每100克去皮鸡肉中含有24克蛋白质、0.7克脂类物质，是几乎不含脂肪的高蛋白食品。鸡肉也是磷、铁、铜与锌的良好来源，并且富含维生素 B_{12}、维生素 B_6、维生素A、维生素D、维生素K等。

健康提示

鸡肉蛋白质的含量比例较高，种类多，而且消化率高，很容易被人体吸收利用，有增强体力、强壮身体的作用。另外含有对人体生长发育有重要作用的磷脂类，是中国人膳食结构中脂肪和磷脂的重要来源之一。

鸡肉对营养不良、畏寒怕冷、贫血、虚弱等有很好的食疗作用。

食材禁忌提示

鸡肉的营养高于鸡汤，鸡汤还有刺激胃酸分泌的作用，所以不要只喝鸡汤而不吃鸡肉。鸡肉不要与芹菜放在一起做给宝宝吃，会影响宝宝的健康。

鸡肉卷

鸡肉 100 克
熟鸡蛋 1/2 个
玉米粒 1 大匙
胡萝卜 10 克
豌豆 1 大匙
淀粉 1 小匙
铝箔纸适量

1. 将胡萝卜洗净，去皮后切小丁；豌豆与玉米粒洗净。
2. 鸡肉洗净压干水分，剁成泥，放入大碗中，加入所有材料拌匀。
3. 用铝箔纸包卷成圆圈状，放入锅中，锅里再加入 1 杯水煮熟后，取出切片即可喂食。

金枪鱼

食材解读

金枪鱼也称鲔鱼、吞拿鱼，它是一种生活在海洋中上层水域的鱼类。金枪鱼肉色暗红，肉质坚实，无小刺，是名贵的烹饪原料。鱼肉所含的脂肪酸大多为不饱和脂肪酸，所含氨基酸齐全，人体所必需的8种氨基酸均有，还含有维生素，丰富的铁、钾、钙、碘等多种矿物质和微量元素，是现代人不可多得的健康食品。

健康提示

尽量到市场上买新鲜的金枪鱼，然后回家制作，不要为了省事而购买金枪鱼的罐头，那样会损失大部分营养元素，还会增加食品添加剂的摄入量，从而影响宝宝的身体发育。

专家指点

金枪鱼中含有的DHA是鱼中之最，是最优质最丰富的，DHA是大脑和中枢神经系统发育必需的营养素。金枪鱼还含有大量的EPA，可抑制胆固醇增加和防止动脉硬化，可预防和治疗心脑血管疾病。金枪鱼鱼籽含有丰富的氨基酸，有助于人体的新陈代谢，尤其是成长期儿童食品的理想选择。

鲜滑鱼片粥

软米饭 1 碗
金枪鱼 50 克
香油 1 大匙

1. 将金枪鱼切成 0.7 厘米大小的块。
2. 锅里淋点儿香油，把金枪鱼块放入锅里炒一会儿，等金枪鱼熟后把软米饭和适量水放进去用大火煮开。
3. 调小火继续煮，待粥再滚起，端离火位，出锅用碗盛起即可喂食。

三文鱼

食材解读

三文鱼具有很高的营养价值，三文鱼除了是高蛋白、低热量的健康食品外，还含有多种维生素以及钙、铁、锌、镁、磷等矿物质，并且还含有丰富的不饱和脂肪酸，促进婴幼儿大脑神经的发育，并且鱼肉蛋白质非常易于宝宝消化吸收，是婴幼儿时期促进大脑发育，让宝宝变得更聪明的首选食物。

健康提示

鱼皮黑白分明，无淤伤，眼睛清亮，瞳孔颜色很深而且闪亮，鱼鳃色泽鲜红，鳃部有红色黏液，鱼肉呈鲜艳的橙红色，此三文鱼为佳品。

专家指点

三文鱼中含有丰富的不饱和脂肪酸，所含的ω-3脂肪酸是脑部、视网膜及神经系统所必不可少的物质，对于处在发育期的宝宝来说，这是很理想的食物。不饱和脂肪酸还有增强脑功能的作用，可以增强记忆力，让宝宝学习和接受其他事物更快，并且在鱼肝油中不饱和脂肪酸的含量更高。

33

清蒸三文鱼

三文鱼 50 克
洋葱 30 克
香菇 20 克
姜、蒜、糖各少许
海鲜酱油 1 小匙
香菜 1 根

1. 三文鱼切大块，洋葱切丝，香菇切片，香菜切段，蒜切末，姜切丝，备用。
2. 在盘子上铺上一层洋葱丝，再铺一层香菇片，最后撒上姜丝。
3. 把三文鱼放在洋葱丝、香菇片和姜丝上，上锅蒸六七分钟。
4. 碗中放入切好的蒜末、糖，滴几滴海鲜酱油，拌匀后淋在三文鱼上，撒少许香菜末即可喂食。

虾肉

食材解读

虾主要分为淡水虾和海水虾两种。虾肉的成分中的蛋白质含量高达 20% 左右，是蛋白质含量很高的食品之一，是鱼、蛋、奶的几倍至几十倍。

健康提示

虾中含有丰富的镁，经常食用可以补充镁的不足，可以促进宝宝的生长发育，并对宝宝的大脑发育有一定的促进作用。

镁对心脏活动具有重要的调节作用，能很好地保护心血管系统，它可减少血液中胆固醇的含量，防止动脉硬化。

专家指点

虾是一种蛋白质非常丰富、营养价值很高的食物，其中维生素 A、胡萝卜素和无机盐含量比较高，而脂肪含量不但低，且多为不饱和脂肪酸。

虾的肌纤维比较细，组织蛋白质的结构松软，水分含量较多，所以肉质细嫩容易消化吸收，适合宝宝食用。

鲜虾肉泥

鲜虾肉（河虾、海虾均可）50 克
香油、盐适量

1. 把虾背划开，用牙签剔出虾筋，洗净后切成小块。
2. 将切好的虾肉放入碗内，加水少许，上笼蒸熟。
3. 然后加入适量盐、香油，搅拌均匀即可喂食。

各阶段的辅食黏稠度

6 个月
初期辅食
黏稠度

大米：磨碎后做 10 倍米糊，相当于母乳浓度。
鸡胸肉：开水煮熟切碎，再用粉碎机捣碎食用。
苹果：去皮和子磨碎，用筛子筛完加热。
油菜：开水烫一下磨碎或捣碎，然后用筛子筛。
胡萝卜：去皮煮熟后磨碎或捣碎，然后用筛子筛。
土豆：带皮蒸熟后再去皮捣碎，然后用筛子筛。

大米：有少量米粒、倾斜匙可以滴落的 5 倍粥。
鸡胸肉：去筋捣碎后放粥里煮熟。
苹果：去皮和子后，切碎成 3 毫米大小的小块。
油菜：开水烫一下菜叶后，切碎成 3 毫米的段。
胡萝卜：去皮煮熟后，切碎成 3 毫米大小的小块。
土豆：带皮蒸熟之后捣碎。

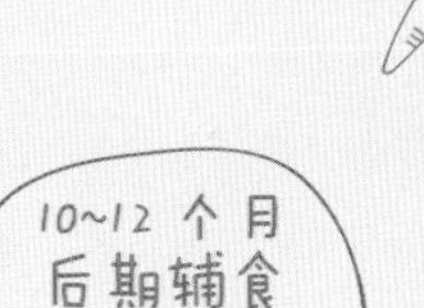

大米：不用磨碎大米，直接煮3倍粥或用米饭来煮。
鸡胸肉：去掉筋煮熟后捣碎。
苹果：去皮切成 5 毫米大小的块。
油菜：用开水烫一下后，菜叶切成 5 毫米的碎片。
胡萝卜：去皮切成 5 毫米大小的块。
海鲜：去皮蒸熟，然后去骨撕成 5 毫米大小。

各阶段辅食添加一览

6个月后期辅食添加方法

食物	每餐分量	每天喂食次数	选用食材
谷物	浸泡2~3小时的米5~10克（1~2匙）	每天1次。将泡米熬成10倍米糊状	米、燕麦、红薯、土豆
蔬菜	5~10克（1~2匙）	每天1~2次。将蔬菜汁加入米糊中，或者将蔬菜榨汁后熬煮	南瓜
水果	10~20克（1~2匙）	每天1~2次。将水果榨汁	苹果、梨、西瓜

7~9个月后期辅食添加方法

食物	每餐分量	每天喂食次数	选用食材
谷物	浸泡2~3小时的米15~20克（3~4匙）	每天2次。泡米磨碎熬5倍米粥	米、燕麦、红薯、土豆
蔬菜	10~15克（2~4匙）	每天2~3次。蔬菜煮熟捣碎后喂食	菠菜、胡萝卜、南瓜、菜花、大白菜
水果	20~30克（4~6匙）	每天1~2次。水果用榨汁机搅碎后喂食	苹果、梨、西瓜
肉、鱼蛋、豆	肉、鱼15~25克（2~4匙） 蛋黄1/2个 大豆3粒	每天选其中一种煮熟后搅成泥状喂1~2次	牛肉、鸡胸肉、蛋黄、豆腐
乳制品	婴幼儿奶酪1/2片、酸奶1/2小瓶	每天1次	牛奶、婴幼儿奶酪、酸奶

10~12个月后期辅食添加方法

食物	每餐分量	每天喂食次数	选用食材
谷物	浸泡2~3小时的米20~30克（5~6匙）	每天3次。将泡米加3倍的水熬成粥	米、燕麦、红薯、土豆、吐司
蔬菜	20~30克（4~6匙）	每天2~3次。蔬菜煮熟，切碎后喂食	菠菜、胡萝卜、南瓜、菜花、大白菜
水果	20~40克（4~6匙）	每天1~2次。水果切成小块后喂食	苹果、梨、西瓜、草莓、香蕉
肉、鱼、蛋、豆	肉、鱼15~25克（3~5匙） 蛋黄1个 豆腐10~15克 大豆5粒	每天选其中一种煮熟后搅成碎末喂2~3次	牛肉、鸡胸肉、蛋黄、豆腐、白鱼肉、虾、蟹肉等
乳制品	婴幼儿奶酪1片、酸奶1小瓶	每天1次	牛奶、婴幼儿奶酪、酸奶

各月份辅食种类一览

月龄	类别	食材
4 个月	谷类 蔬菜类	米粉 土豆、黄瓜、红薯、角瓜、南瓜
5 个月	蔬菜类 水果类	萝卜、西蓝花 苹果、香蕉、梨、西瓜，过敏宝宝 13 个月后添加
6 个月	谷类 面食类 蔬菜类 肉类 海藻类 豆类	大米 婴儿面条（压碎后食用） 胡萝卜、菠菜、大头菜、白菜、莴苣 牛肉（里脊）、牛肉汤、鸡胸肉 紫菜、海藻 豌豆、黑豆、花生、栗子
7 个月	谷类 蔬菜类 水果类 海鲜类 海藻类 蛋类 豆类	黑米、小米、大麦、玉米 洋葱 香瓜 鳕鱼、黄花鱼、明太鱼、比目鱼、刀鱼 海带 蛋黄，过敏宝宝 1 周岁后添加 大豆、豆腐，过敏宝宝从 13 个月后添加
8 个月	乳制品类	酸牛奶，过敏宝宝从 13 个月后添加
9 个月	谷类 蔬菜类 水果类 海鲜类 蚌类 乳制品 坚果类 调料类	黑米、绿豆 黄豆芽、绿豆芽 哈密瓜 白鲢 牡蛎 婴儿用奶酪片，过敏宝宝从 13 个月后添加 芝麻、黑芝麻、野芝麻、松仁、葡萄干 香油、野芝麻油、食用油

10 个月	谷类	麦粉，过敏宝宝从 13 个月后添加
	蔬菜类	萝卜
	水果类	熟柿子、葡萄（压碎去子后）
	海鲜类	虾，过敏宝宝从 13 个月后添加，干虾汤
	蛋类	鹌鹑蛋黄
11 个月	谷类	红豆
	蔬菜类	青椒、蕨菜
	肉类	猪肉（里脊）、鸡肉
	水果类	柿子
	海鲜类	干银鱼（将银鱼泡在水里完全去除盐分后再做成辅食，做汤要从 13 个月后再开始食用）
	乳制品类	黄油（过敏宝宝在适应鲜牛奶后食用），酸奶
	调料类	大酱
	其他	面包
12 个月	面食类	面条、乌冬面、意大利面、荞麦面、粉条
	蔬菜类	韭菜、茄子、番茄、竹笋
	肉类	牛肉（里脊和腿部瘦肉）
	水果类	橘子、柠檬、菠萝、杧果、橙子、草莓、猕猴桃
	海鲜类	鱿鱼、蟹、鲅鱼、干明太鱼、金枪鱼
	蚌类	干贝、蛏子、小螺、蛤仔、鲍鱼
	乳制品类	鲜牛奶、炼乳
	蛋类	蛋清、鹌鹑蛋清
	调料类	盐、白糖、酱油、番茄酱、醋、沙拉酱、蚝油
	其他	玉米片、蛋糕、香肠、火腿肠、鸡翅
18 个月	乳制品	奶酪
	坚果类	南瓜子
24 个月	肉类	猪肉（五花肉）
	海鲜类	黄花鱼、干虾
	坚果类	花生、杏仁（有过敏症状的宝宝可选择性食用）
	其他	鱼丸（切成小块，注意喂食安全）